人力资源和社会保障部国家级规划教材
中高职贯通数字媒体专业（VR方向）
一体化教材

VR 无人机
素材采集实训教程

主编　钱成超　包佳栋　吕旺力
编者　王纯晨　宋梦莎　包红英

南京大学出版社

图书在版编目（ＣＩＰ）数据

VR无人机素材采集实训教程 / 钱成超，包佳栋，吕旺力主编 . -- 南京：南京大学出版社，2021.5
ISBN 978-7-305-24143-7

Ⅰ. ① V… Ⅱ. ①钱… ②包… ③吕… Ⅲ. ①无人驾驶飞机—航空摄影—应用—虚拟现实—教材 Ⅳ. ① TP391.98

中国版本图书馆 CIP 数据核字（2020）第 265601 号

出版发行　南京大学出版社
社　　址　南京市汉口路 22 号　　　　邮　编　210093
出 版 人　金鑫荣

书　　名　VR 无人机素材采集实训教程
主　　编　钱成超　包佳栋　吕旺力
责任编辑　刁晓静

照　　排　南京新华丰制版有限公司
印　　刷　南京凯德印刷有限公司
开　　本　889×1194　1/16　印张 7　字数 260 千
版　　次　2021 年 5 月第 1 版　2021 年 5 月第 1 次印刷
ISBN 978-7-305-24143-7
定　　价　52.00 元

网址：http：//www.njupco.com
官方微博：http：//weibo.com/njupco
微信服务号：njuyuexue
销售咨询热线：（025）83594756

中高职贯通数字媒体专业（VR方向）一体化教材
编写委员会

前　言

　　虚拟现实（VR）技术是21世纪发展起来的全新技术，科技进步带动了技术的发展，虚拟现实技术已经涉及影视、教育、医学、设计、军事等领域。2012年Oculus Rift 问世，这是一款网上众筹的VR眼镜设备，它将人们重新拉回了VR领域。2014年，Google发布了低成本的VR体验方案CardBoard，这大大拉近了普通人与虚拟现实技术的距离，它将自己的手机作为显示器使用，造价低廉。次年，HTC vive 在 MWC2015上正式发布。2016年，索尼公布PSVR，随后大量的厂家开始研发自己的VR设备，VR新元年正式开启。不管你信不信，VR的发展必将给生活带来前所未有的改变。

　　本书涉及的VR全景技术，是基于全景图像的真实场景虚拟现实技术，是虚拟现实的核心部分。它是一种把相机环绕360° 拍摄的照片合成在一起拼接成一个全景图像，通过计算机技术实现全方位互动观看的真实场景还原展示方式。

　　本书以无人机照片采集为载体，以无人机基本操作为基础，技能训练为导向，最终使学生掌握VR全景素材采集的技巧。

　　本书立足于发展学生的核心技能，围绕着无人机的使用、全景照片及视频的拍摄，衍生到场景漫游的创作及应用。

　　根据虚拟现实技术应用专业标准，并基于学生动手能力强的特点，全书将框架分为学习篇和实战篇。本书特意将更多的知识能力和技能提升放到了实战篇中，通过案例来展示学习的知识与技能。

　　由于VR技术日新月异，书中难免会存在一些不足之处，恳请大家在使用过程中批评指正，以便我们更好地修改和完善。

　　在本书的编写过程中，杭州楚沩教育科技有限公司、福建华渔教育科技有限公司及上海曼恒数字技术股份有限公司提供了大量案例及技术支持，在此表示衷心的感谢。由于编者水平有限，书中难免存在一些疏漏和不足之处，恳请大家在使用过程中批评与指正，以便我们修改完善。

编者

2021年2月

目　录

项目一　初识无人机

项目目标：

　　1.学习掌握无人机在飞行前的各项注意事项。

　　2.牢记飞行前对电池电量、飞行环境、GPS信号强弱等进行仔细检查。

　　3.掌握无人机最高飞行高度、最远飞行距离等，确保在起飞前做好对无人机相关情况的全面掌握。

项目技能：

　　1.掌握无人机在飞行中突遇强风时要如何操控，以防坠机。

　　2.时刻关注能见度及GPS信号值，能见度不佳或信号不足4格请立即返航，以免造成失控坠机。

　　3.掌握《无人机驾驶》职业技能——安全须知。

　　4.掌握《无人机驾驶》职业技能——机型介绍和日常检查维护。

任务一　无人机安全使用须知

一、检查飞行设备

飞行前，须检查飞机配件是否安装正常，特别是桨叶。各个型号的无人机安装方式不同，这里以大疆Mavic 2为例，它采用的是快拆式桨叶，安装时，将卡口对准并且按下桨叶，然后稍作旋转即可锁定安装。在多次飞行之后，无人机通常都会有一些磨损，要是不注意的话，小问题可能就会引发大问题。所以每次飞行之前，应认真检查无人机的各处细节，包括遥控器等地面设备。

二、确保设备电量充足

每一种型号的无人机续航能力不同，因此需要根据飞行任务携带相应数量的电池来达到想要的续航时间。如果电池电量不足，飞着没多久就没电了，很容易出现来不及返航的情况。通常无人机都带有低电量保护，在电池低于20%电量时会发出警报，此时需要返航，更换电池，以免无人机因电量不足掉落。同时也要检查地面遥控器、手机等设备的电量。另外还需要注意电池的保养，电池保养得好可以增加电池的使用寿命且能降低事故率。相关要求可以查看无人机《电池安全使用指引》。

三、选择空旷的飞行场地

为了尽可能降低风险，无人机飞行要选好场地，起飞时尽量选择空旷的场地，远离行人和动物，以免造成误伤。同时场地也要避免树木，防止无人机撞击树木。具有防撞功能的无人机应当开启该功能，避免撞击。

四、切勿超过安全飞行高度

根据有关部门规定，民用无人机飞行高度不得高于120米（400英尺），超过120米发生意外当负有法律责任。一般无人机控制器里面都有最高高度限定，只要设置在120米，无人机就无法飞到更高的高度了。一般新手飞行时建议高度为30米，熟练飞行后可以增加飞行高度。

五、在视距范围内飞行

很多人都喜欢把无人机飞得远远的，由于环境中有许多障碍物，一旦超出视距范围，无人机的姿态将很难被察觉。若图传系统出现问题，导致无法一键返航，就很难靠肉眼观察而把无人机飞回来。据相关部门规定，无人机在驾驶员或者观察员直接目视视距半径不得大于500米。

六、遇到风时要将机头迎向风

无人机体型较小，亦受大风的影响。即使无风环境，但是上空的环境与地面不同。遇到风时，第一件要做的事就是迅速调整无人机方向，将机头位置迎向风，这样就能尽量抵消风力的影响，避免无人机侧翻。 当风力实在太大时，更稳妥的做法是将机头迎向风保持稳定的同时，迅速下降，通常来说，降低高度后风力也会大幅减小。

七、勿酒后操作飞机

酒精会影响人的反应和判断能力，影响对无人机的操控，容易产生事故。

八、在GPS信号良好的情况下飞行

通常对于无人机起飞时GPS信号值需达到4格及以上才可以进行飞行，没有GPS或者GPS信号不良时，无人机就很难实现自主定位悬停，容易出现事故。选择飞行地点也要避免地磁干扰较强的地方，以免干扰无人机的信号，导致坠机。

九、遵守当地法律法规

提前了解飞行区域当地的法律法规是很重要的。许多地方都有禁飞区，无人机驾驶员不得在禁飞区飞行。禁飞区的辨别可在网上搜索【安全指引限飞区查询】来查找当地空域。

十、提升飞行技巧

无人机驾驶员可以参加无人机飞行培训并考取无人机驾驶证来提升飞行技巧，平时可以通过飞行模拟器来模拟飞行。户外训练时尽量降低飞行高度确保安全。

【技能拓展】

掌握《无人机驾驶》职业技能——操作安全须知和日常检查维护

（一）飞行设备安全检查：机身、机翼、电池、遥控器等设备是否正常。

（二）飞行环境判定：是否禁区（依据当地法律法规）、能见度、障碍物等是否符合起飞条件。

（三）飞行信息检查：无人机操作系统、GPS信号强弱等是否达到起飞要求。

（四）日常检查维护：每次飞行前都要依据无人机使用手册对整机、系统、零部件、线路等进行维护保养，对老化或不符合要求的部件进行及时更换。按规定对螺旋桨仔细检查并定期保养和更换，对电池及时按要求进行充电保存等。

问题摘录

————————
————————
————————
————————
————————

任务小结

通过任务一的学习：了解无人机在飞行前要对电池电量、飞行环境、GPS信号强弱等进行检查，飞行必须遵守无人机飞行管理的相关法律法规。

任务二　无人机管理规定

一、中国民航局制定的管理规定

以下是2013年以来中国民用航空局制定的管理规定：

2013年，《民用无人驾驶航空器系统驾驶员管理暂行规定》印发，由中国AOPA协会负责民用无人机的相关管理。

2014年，《低空空域使用管理规定（试行）》征求意见稿发布，将低空空域分为管制空域、监视空域和报告空域，其中涉及监视、报告空域的飞行计划，企业需向空军和民航局报备。

2015年，《轻小型无人机运行试行规定》发布，要求起飞全重7公斤以上无人机，必须接入"电子围栏"，不得在禁飞区使用无人机，无人机驾驶员需要持有操作执照。

2016年，《关于促进通用航空业发展的指导意见》发布，将低空空域定义由1000米以下，提升到3000米以下。

2016年9月，《民用无人驾驶航空器系统空中交通管理办法》发布，保障民用航空活动的安全，加强民用无人机飞行活动的管理，规范其空中交通管理的办法。

2017年6月，《民用无人驾驶航空器实名制登记管理规定》发布，民用无人机登记注册系统正式上线，起飞重量超过250克以上的无人机，必须实施登记注册。建立无人机登记数据共享和查询制度，实现与无人机运行云平台的实时交联。

2018年1月，《无人驾驶航空器飞行管理暂行条例》公开征求意见。

2018年6月，《民用无人机驾驶航空器经营性飞行活动管理办法》正式生效。

2018年8月，中国民用航空局飞行标准司印发《民用无人机驾驶员管理规定》。

2019年4月，中国民用航空局修订《民用无人机驾驶员管理规定》并公开征求意见。

2019年5月，关于征求《促进民用无人驾驶航空发展的指导意见（征求意见稿）》意见的通知发布。

2020年3月，关于就《民用无人驾驶航空器系统适航审定管理程序》《民用无人驾驶航空器系统实名登记管理程序》和《民用无人驾驶航空器系统适航审定项目风险评估指南》草案征求意见的通知发布，对无人机实名登记制定管理程序等。

二、各地的法规

近年来，无人驾驶航空器的数量日益增多，无人机使用门槛较低，携带也比较方便，使用者也在成倍增加，大大增加了管理难度。无人机无序使用对公共安全和人民生命财产安全造成的影响和潜在风险越来越大。

各地屡屡有无人机扰乱公共安全事故发生，特别是机场区域，视野开阔，不少无人机爱好者选择在机场附近飞行，干扰了多架民航飞行。因此，各省市对无人机的管理制度也在加强。以浙江省为例，浙江省人大常委会及时出台《管理规定》。《管理规定》明确要求公安机关协助民用航空主管部门实施无人驾驶航空器实名登记管理制度，民用航空主管部门为无人驾驶航空器所有者登记提供便利。同时，要求无人驾驶航空器销售者向购买者正确介绍使用方法和安全注意事项，并告知购买者进行实名登记。

另外，《管理规定》对设定临时禁飞区也作了规定。为了保障重大活动等公共安全，《管理规定》授权省、设区的市人民政府可以设定无人驾驶航空器禁飞时间和禁飞区域，并事先向社会公告。无人驾驶航空器不得在禁飞时间和禁飞区域内起降、飞行。同时，在禁飞时间和禁飞区域内，公安机关可以临时封闭起降场地。

三、现行民用无人机及无人机驾驶员管理规定

目前，在无人机实名登记系统的页面上有四条无人机的政策法规，分别是《民用无人驾驶航空器实名制登记管理规定》《民用无人机驾驶员管理规定》《轻小无人机运行规定（试行）》《民用无人驾驶航空器系统空中交通管理办法》。民航局网站提供下载查看。

《民用无人驾驶航空器实名制登记管理规定》规定，自2017年6月1日起，民用无人机的拥有者必须按照本管理规定要求进行网上实名登

读书笔记
_____
_____
_____
_____
_____
_____
_____

记。要求填报无人机的产品信息并将系统给定的登记标志粘贴在无人机上。

《民用无人机驾驶员管理规定》规定，对于在室内运行的无人机、Ⅰ、Ⅱ类无人机，在人烟稀少、空旷的非人口稠密区进行试验的无人机需驾驶员自行负责，无须证照管理；在融合空域内运行的Ⅲ、Ⅳ、Ⅴ、Ⅵ、Ⅶ类无人机驾驶员由行业协会实施管理。在融合空域运行的Ⅺ、Ⅻ类无人机，其驾驶员由局方实施管理。

《轻小无人机运行规定（试行）》中对无人机、无人机系统、无人机系统驾驶员等相关名称进行了定义，并规范了民用无人机机长的职责和权限，进一步制定了飞行要求。

《民用无人驾驶航空器系统空中交通管理办法》对无人机的使用条件进行了规范，包括飞行时间、飞行高度、飞行重量、飞行区域、驾驶员的相关资质等。

任务小结：

通过任务二的学习：了解无人机飞行有关管理法律法规，特别是民用无人机不得在禁区飞行等。

问题摘录

_____

_____

_____

_____

_____

任务三 无人机种类及应用领域

无人机飞行平台
构型分类

读书笔记

———————
———————
———————
———————
———————
———————
———————

国内外无人机相关技术飞速发展，无人机系统种类繁多、用途广特点鲜明，致使其在尺寸、质量、航程、航时、飞行高度、飞行速度、任务等多方面都有较大差异。由于无人机的多样性，出于不同的考量会有不同的分类方法。

一、按飞行平台构型分类

按飞行平台构型分类，无人机可分为固定翼无人机、多旋翼无人机、无人飞艇、伞翼无人机、扑翼无人机等，如图1-3-1所示。

固定翼无人机

多旋翼无人机

无人飞艇

伞翼无人机

扑翼无人机

图1-3-1 无人机飞行平台构型分类

二、按用途分类

按用途分类，无人机可分为军用无人机和民用无人机。军用无人机可分为侦察无人机、诱饵无人机、电子对抗无人机、通信中继无人机、无人战斗机以及靶机等；民用无人机可分为巡查（监视）无人机、农用无人机、气象无人机、勘探无人机以及测绘无人机等。

三、按尺寸分类

按尺寸分类，无人机可分为微型无人机、轻型无人机、小型无人机以及大型无人机。微型无人机是指空机质量小于等于7kg的无人机。轻型无人机指质量大于7kg，但小于等于116kg，且全马力平飞中，校正空速小于100km/h（55nmile/h），升限小于3000m的无人机；小型无人机是指空机质量小于等于5700kg的无人机，微型和轻型无人机除外。大型无人机是指空机质量大于5700kg的无人机，其详细分类如图1-3-2所示。

无人机分类（尺寸大小）		
分类	空机重量（千克）	起飞全重（千克）
I	$0<W\leq1.5$	
II	$1.5<W\leq4$	$1.5<W\leq7$
III	$4<W\leq15$	$7<W\leq25$
IV	$15<W\leq116$	$25<W\leq150$
V	植保类无人机	
VI	无人飞艇	
VII	超视距运行的 I 、II 类无人机	
XI	$116<W\leq5700$	$150<W\leq5700$
XII	$W>5700$	

图1-3-2 无人机尺寸分类

四、按活动半径分类

无人机可分为超近程无人机、近程无人机、短程无人机、中程无人机和远程无人机。超近程无人机活动半径在15km以内，近程无人机活动半径在15～50km之间，短程无人机活动半径在50～200km之间，中程无人机活动半径在200～800km之间，远程无人机活动半径大于800km。

五、按任务高度分类

按任务高度分类，无人机可以分为超低空无人机、低空无人机、中空无人机、高空无人机和超高空无人机。超低空无人机任务高度一般在0~100m之间，低空无人机任务高度一般在100~1000m之间，中空无人机任务高度一般在1000~7000m之间，高空无人机任务高度一般在7000~18000m之间，超高空无人机任务高度一般大于18000m。

【技能拓展】

无人机种类介绍

（一）按飞行平台构型分类：固定翼无人机、多旋翼无人机、无人飞艇等。

（二）按用途分类：军用无人机和民用无人机。

（三）按尺寸分类：微型无人机、轻型无人机、小型无人机、大型无人机。

（四）其他分类：活动半径分类、任务高度分类等。

任务小结：

通过任务三的学习：了解无人机主要按飞行平台构型、用途、尺寸等分类。本书主要讲解民用多旋翼无人机搭载360全景摄像头拍摄全景图和全景视频的技巧训练。

任务四　适合无人机的飞行环境

无人机飞行环境

一、天气影响

作为飞行器，天气的因素对它影响之大毋庸置疑，无人机在以下几种天气状况下不适宜飞行。

（一）降雨、降雪和冰雹天气

很明显，无人驾驶飞行器不适合在雨、雪和冰雹天气飞行。无人机的电池一般较大，大多数都是裸露在无人机的外壳上，因此遇到雨水天气对电池的影响是非常大的，哪怕只有零星的小雨点，我们也不能冒险。如果在飞行中遇到雨云天气，也应该注意返回保护无人机，等待天气转好后再起飞。

（二）高温或低温天气

高温或低温天气都会影响无人机的一些功能组件，导致降低飞行效率，影响飞行稳定。

在炎热的天气，切忌飞行太久，且应在两次飞行间，让无人机进行充分的休息和冷却。因为无人机的电机在运转产生升力的时候，也会连带产生大量的热量，电机非常容易过热，在一些极端情况下甚至可能会融化一些零部件和线缆。

在严寒的天气，要避免飞行时间过长，在飞行中要密切关注电池情况。因为低温会降低电池的效率，续航时间会有所下降。同时会减少电池的寿命，一般在天气较冷的情况下，在飞行前需要给电池加热，不少品牌的电池都有配套的加热片。

（三）大雾天气

实际上大雾天气不仅影响可见度，也影响空气湿度。在大雾中飞行，无人机也会变得潮湿，有可能影响到内部高精密部件的运作，而且在镜头形成的水汽也会影响航拍效果。

如何判断雾是否大到足以影响飞行？我们可以使用视觉方法。一般来说，如果能见度小于0.5英里（800米），那么可以称之为雾，这

1-4-1　雨　　　　　　　　1-4-2　雪

1-4-3　雾　　　　　　　　1-4-4　风

种天气不适合无人机飞行。

（四）空气湿度过大

　　除去大雾，空气湿度也是一项可能影响无人机正常工作的天气因素。当空气湿度的数值接近1时，我们就应当引起注意了，这种湿度下，哪怕不下雨，无人机的表面也会凝结非常多的水汽。对于无人机这类精密的电子产品，水汽一旦慎入内部，非常可能腐蚀内部电子元器件，所以我们日常也需要做好干燥除湿的保养。

　　为了保证无人机在运行过程中安全、高效、稳定地飞行，通过精准的控制，所有检测指标参数都可以达到或高于正常值。

（五）大风天气

　　不同的无人机防风能力也是不同的，一般在无人机说明书上会显示防风等级。防风能力弱的无人机会被大风刮走，即便是防风能力较强的无人机，在大风的情况下，无人机为了保持姿态和飞行，也会耗费更多的电量，续航时间会缩短，同时飞行稳定性也会大幅度下降。同时也要注意最大风速不要超过无人机的最大飞行速度。随着海拔的升高，风速也会增大。

二、GPS信号强度

GPS即全球定位系统，一种具有全方位、全天候、全时段、高精度的卫星导航系统，能为全球用户提供低成本、高精度的三维位置、速度和精确定时等导航信息。

良好的GPS信号是安全起飞的重要保障，GPS信号容易受密集建筑物、高压电线等因素影响，干扰信号，导致卫星定位无法正常工作，此时飞行器高度如果超出视觉定位范围，容易发生飞行意外事故。

因此，在无人机起飞前需要关注GPS信号值，不同品牌的无人机对于起飞信号值要求也不同。以大疆无人机为例，在DJI GO 4 APP的飞行界面顶端，会显示GPS信号的强弱状态，一共5格信号值。一般起飞前卫星数在10颗及以上且信号格为4格以上为优。

任务小结：

通过任务四的学习：了解无人机飞行要满足哪些外界环境条件，由于无人机电池和摄像头裸露在外，因此雨雪、有雾、空气湿度过大、大风等天气都不能飞行。

问题摘录

——————————
——————————
——————————
——————————
——————————

项目二　无人机拍摄前准备工作

项目目标：

1. 学习无人机在飞行前需要的注意事项，主要有电池电量、飞行环境、GPS信号强弱等。

2. 掌握无人机最高飞行高度、最远距离、最快时速等，遇到什么天气情况不能飞行等知识。确保在起飞前都做好对无人机相关情况的全面掌握。

3. 学习不同机型的飞行训练，如悬停、匀速、起降等基础训练。

4. 掌握全景拍摄的角度和张数，同时初步了解后期全景图的制作。

5. 掌握不同要求的视频拍摄参数设置要求，如夜晚或后期要求慢放的镜头拍摄模式和参数设置。

项目技能：

1. 掌握无人机飞行训练的模式，特别是多旋翼无人机飞行训练。

2. 掌握全景拍摄原理和注意事项。

3. 掌握"1+X"无人机驾驶职业技能——飞行准备。

任务一 拍摄前装备检查

拍摄前装备检查

每次飞行前检查工作必不可少，俗话说："飞行无小事"，可见安全对于飞行来说多么的重要。那么，我们每次飞行都需要检查什么呢？

一、遥控设备的检查

1. 检查发射机、接收机的电源电量是否充足，电池型号是否运用正确；

2. 检查发射机上各微调位置是否正确，现在的发射机都是用的电子微调，位置被移动后从外表是基本看不出来的，这时就需要看发射机上的显示屏内微调的显示或进入发射机调整菜单去核实一下；

3. 测试遥控距离，一般来说每天的第一个架次飞行有必要进行一次拉距离的测试；

4. 现在很多人的遥控器上都储存有好几架飞行机的资料，这时也需要确认目前飞行的飞机和发射机上现使用的飞机是一致的。

二、无人机机体的检查

1. 检查电机无沙尘和水渍，并活动各个电机轴，确认与机臂固定牢固且能顺畅达到最大位置，然后卸下桨叶后开机并启动电机，判断电机有无异响；

2. 检查机体上各紧固螺钉有无松动缺失；

3. 检查桨叶是否有破损、变形，检查各螺旋桨有无裂纹暗伤，若存在异常，则更换新的桨叶。在飞行时，建议给桨叶安装桨叶保护罩；

4. 检查各电子设备传感器等是否牢固地粘在机体上，GPS无线有无歪斜晃动等；

5. 检查各种电线有无破损、露出铜线现象；

6. 检查各种橡胶件有无老化龟裂；

7. 检查各接插件有无牢固的接合、有无接触不良甚至短路现象。

三、动力电池的检查

1．检查动力电池电量是否充足，确保每次航拍都有足够的电量，每次飞行前有必要用电器监测下；

2．检查电池外观有无变形胀气现象；

3．检查电池插头有无打火造成的烧蚀现象。

四、云台相机的检查

1．检查镜头有无划痕、破损、污垢，云台卡扣是否有异物、排线是否正常连接。必要时，对云台相机做一个自动校准，点选App中的云台设置——云台自动校准。

2．及时更新app和固件版本，提升拍摄体验的同时能获得更好的拍摄效果。

总之，飞行前的检查是一项必做的工作，多一份细致，少一分危险，确保让这项工作落在实处，不可抱着侥幸的心理。

【技能拓展】

掌握《无人机驾驶》职业技能——飞行前检查要求

（一）能按照电池安全使用要求安装与紧固电池：避免在低温、高温、潮湿的地方存放电池，在安装电池前务必检查电池是否有明显的损坏或是膨胀。平时电池使用时切勿将电池电量耗尽，存放电池时只需保持在百分之七十左右的电量即可。安装电池时将电池的卡扣扣紧，反复确认无误后方可启动无人机。

（二）能依据操作规范，完成无人机系统遥控器对频：通常情况下出厂时，遥控器与飞行器已完成对频，通电后即可使用。如更换遥控器，需要重新对频才能使用。这里按照大疆无人机的步骤进行对频：

1．先开启遥控器，连接移动设备。然后开启智能飞行电池电源，运行DJI GO app。

2．选择"相机"界面，点击遥控器图标，然后点击"遥控器对频"按钮。

3．DJI GO app显示倒数对话框，此时遥控器状态指示灯显示蓝灯闪烁，并且发出"嘀嘀"提示音。

4. 使用合适工具按下对频按键后松开，完成对频。对频成功后，遥控器指示灯显示绿灯常亮。对频按键和对频指示灯位于飞行器侧面。

任务小结：

通过任务一的学习：掌握无人机在飞行前应进行的全面检查，包括电池电量、飞行环境、GPS信号强弱、拍摄镜头等，确保飞行安全。

任务二　模拟飞行训练

一、模拟器介绍

无人机模拟器介绍如图2-2-1所示。

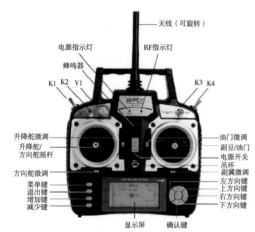

天线（可旋转）

电源指示灯　　　RF指示灯

蜂鸣器

K1 K2 V1　　　　　　　K3 K4

升降舵微调　　　　　　　油门微调
升降舵/　　　　　　　　副豆/油门
方向舵摇杆　　　　　　　电源开关
　　　　　　　　　　　　吊环
方向舵微调　　　　　　　副翼微调
菜单键　　　　　　　　　左方向键
退出键　　　　　　　　　上方向键
增加键　　　　　　　　　右方向键
减少键　　　　　　　　　下方向键

显示屏　　确认键

图2-2-1　模拟器

二、模拟飞行的好处

1. 有效训练：模拟遥控器和真遥控器外形尺寸、手感、设置几乎一样，能有效模拟真遥控器。

2. 方便训练：不受场地、天气、设备的影响，只要有一台电脑就可以一遍遍随心所欲地练习。

3. 丰富体验：所配软件内含百种各式飞机，可轻松体验各种飞机的飞行操控感觉。

4. 避免损失：在电脑中磨炼技能，减少新手在飞行时坠机的损失。

5. 真实体验：通过模拟软件的设置，使之更加接近我们想模拟的现实环境。

6. 针对性训练：模拟飞行有专门的教学练习模式。

三、遥控器美国手、日本手区别

全球主要分为两种不同遥控器，即美国手和日本手，如图2-2-2所示。

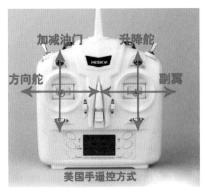

图2-2-1　美国手、日本手遥控方式

四、模拟器训练科目

（一）多旋翼模拟器（直升机适用）

1．360°悬停：高度1m基本保持不变，蓝圈范围内，无错舵，逆时针顺时针都可。下图以俯视顺时针为例，如图2-2-3所示。

2．顺/逆时针停转90°矩形航线：顺时针、逆时针飞行各一圈，高度1m基本保持不变，沿直线飞行，速度均匀（1-2m/s）。下图以逆时针为例，如图2-2-4所示。

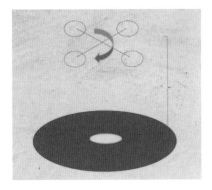
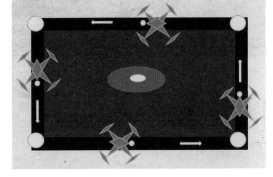

图2-2-3　360°悬停飞行训练　图2-2-4　顺/逆时针停转90°飞行训练

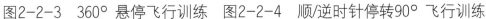

3．对尾扫描航线飞行：高度1m基本保持不变，速度均匀（1-2m/s），方框范围内均匀4条纵向扫描航线。下图以右向左为例，如图2-2-5所示。

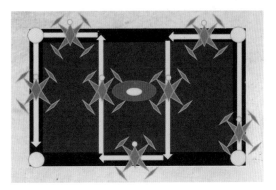

图2-2-5　对尾扫描航线飞行训练

（二）固定翼模拟器

1．起飞：直线平稳起飞，无大迎角，如下图2-2-6所示。

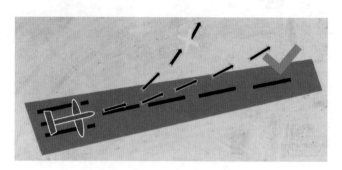

图2-2-6　起飞训练

2．盘旋：以自己为中心画圆，顺时针、逆时针各一圈，其中每圈高度保持一致，半径保持一致，如图2-2-7所示。

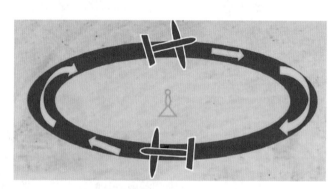

图2-2-7　盘旋飞行训练

3．对头航线：转弯不掉高，无错舵，不能飞身后，如图2-2-8所示。

4．四边航线：四条边高度保持一致，转弯无掉高，不能飞身后，如图2-2-9所示。

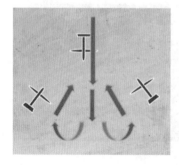 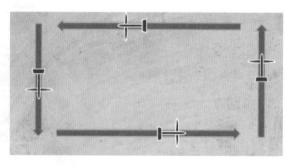

图2-2-8　对头航线飞行训练　　　图2-2-9　四边航线飞行训练

5. 降落：直线平稳降落，无弹跳，如图2-2-10所示。

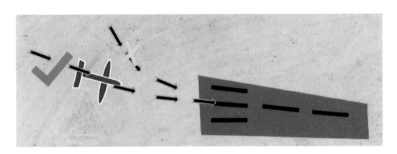

图2-2-10　降落训练

【技能拓展】

掌握《无人机驾驶》职业技能——飞行任务操作要求

一、多旋翼训练标准及要求

（一）起飞训练：通过训练掌握多旋翼无人机从停机坪垂直起飞，悬停高度2-5米，悬停时间5秒以上。起飞训练要求：必须从半径1米的圆中心起飞，垂直上升，直到起落架到达指定高度位置，悬停5秒以上。

（二）悬停（360°旋转一周）训练：匀速缓慢绕机体中轴线旋转一周（旋转方向任意，向左或向右旋转均可），旋转用时控制在10-20秒之间。悬停训练要求：偏移范围高度方向不超过1米，水平方向不超过2米。

（三）水平8字飞行训练：正飞并保持水平8字。始终保持机头一直朝前进方向完成飞行动作。飞行训练要求：两个圆的直径相同（直径大于6米），两个圆的结合部位通过身体中线，空域在120°内，整个动作的高度不变。

（四）降落训练：多旋翼无人机移动至起降区上空平视高度处悬停2秒，垂直降落。要求：着陆时必须平稳并且在停机坪的中心。

二、固定翼飞行考试科目

（一）起飞训练：无人机从地面逆风滑跑起飞，以低爬升角爬升到安全高度。起飞训练要求：滑跑爬升时方向保持不变。滑跑距离合理，离陆柔和。

（二）四边航线训练：直线段平行于跑道，整个动作高度不变。训练要求：高度不变，转弯后沿航道保持正飞。

（三）水平8字飞行训练：水平直线进入1/4水平圆，接水平圆一周，一周后进入后3/4水平圆，水平直线改出。训练要求：两个圆直径相同，两个圆的结合部位通过身体中线，整个动作的高度不变。

（四）降落训练：根据跑道方向进入着陆航线，飞机下滑，逐渐拉平，平稳着陆，着陆后关闭发动机。训练要求：下滑速度控制合理，接地动作柔和，接地后沿跑道方向滑行。

特别提醒：在无人机飞行的整个过程中，驾驶员都要报告每个动作的操作名称：起飞、降落、四边航线、水平8字飞行等。

问题摘录

————————
————————
————————
————————
————————

任务小结：

通过任务二的学习，了解模拟飞行的重要性，对多旋翼无人机飞行训练360°悬停、顺/逆时针停转90°、对尾扫描航线飞行和固定翼无人机起降、对头航线、四边航线都进行了详细介绍，为全景图片和视频拍摄打下坚实基础。

任务三 VR全景拍摄

一、虚拟现实（VR）技术简介

虚拟现实（VR）定义：采用以计算机技术为核心的现代高科技手段生成逼真的视觉、听觉、触觉、嗅觉、味觉等一体化的虚拟环境，用户从自己的视点出发，借助特殊的输入输出设备，采用自然的方式与虚拟世界的物体进行交互，相互影响。

二、无人机VR全景拍摄

无人机航拍做全景，这些年逐渐成为一种趋势，对于许多无人机爱好者来说，航拍无疑是持续在无人机市场消费的动力。相对于一般的拍照来说，无人机带领更多的人看到了飞机上也看不到的景观，而VR全景拍摄其中一种方法就是无人机航拍拍摄。它和地拍有一定相似的地方，也有不同的地方，航拍带来的震撼要远比地拍更加强烈，下面介绍无人机航拍拍摄制作VR全景图的步骤。

（一）拍摄前的准备

一般航拍前期需要准备无人机、相机、鱼眼镜头、无人机操作平台、手机或者平板电脑、备用电池等。相机的像素在1400万以上。

（二）无人机航拍拍摄步骤

1. 试飞无人机，悬空后在低空停飞一下，如果没有问题则正式升空开始拍摄。一般来说航拍定点高度在50—150米之间，这个主要根据拍摄场景来确定，比如山区、城区由于高耸的障碍物较多，这个时候一般飞行得高一些；如果在比较平坦宽阔的地方，例如果园、大棚蔬菜区等，没有什么过高的障碍物，则可以飞低一些。下面以多旋翼无人机为例，如图2-3-1所示。

2. 开始拍摄，等选好拍摄点位以后把无人机悬停，把云台调整至水平位置以后开始拍摄，一般在水平方向拍摄需要8张，也就是每45度拍摄一张，并且还要保证相邻两张拍摄照片重合度在20%。

水平方向拍摄一圈以后，把相机镜头向下45度，然后再拍摄一圈，拍摄要求和水平方向一样，最后再垂直地面拍摄一张地面照片即可。

　　飞行器至少需要三圈进行拍摄，最顶层一圈8张，往下一圈6张，底层一圈4张，最后最好再补一张正下方的照片，如图2-3-2所示。

 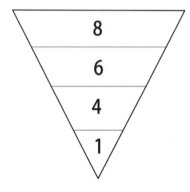

图2-3-1　无人机（多旋翼）　　　　图2-3-2　多角度拍摄

　　第一圈飞行器每旋转45度拍一张，第二圈每60度拍一张，第三圈每90度拍一张，每圈要有约30%的画面叠加。至于第二圈第三圈俯仰多少度，这个不好精确，可以看着画面进行操作，如图2-3-3所示。

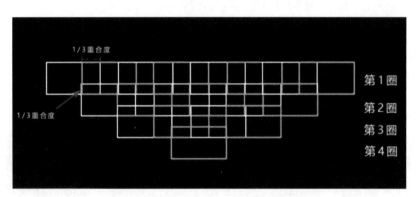

图2-3-3　多角度拍摄理论叠加

　　这里要注意的是，航拍制作VR全景的目的是展示所要表达的东西，因此不是说随便拍摄几张就可以了，拍摄的时候也要注意拍摄点位和飞行高度的配合，这样能够很好地表达出所要表达的内容，如图2-3-4所示。

图2-3-4　多角度拍摄画面

（三）后期全景图制作

　　拍摄完成以后在后期的全景图拼接制作上，这个步骤和地拍一般一致，后期制作全景图时一般要用到PS、Ptgui等软件。其中Ptgui因为功能强大，因此使用的人越来越多。使用Ptgui拼接制作以后导出来一个2：1比例的平面全景图，这个时候把这个平面全景图上传到专业的VR全景分享制作平台就可以浏览最终的全景作品了，如图2-3-5所示。

图2-3-5　全景图拼接

任务小结：

　　通过任务三的学习：对虚拟现实（VR）技术有了大概的了解，同时对无人机航拍有了进一步的认识。掌握多角度拍摄叠加及后期全景图制作原理。

问题摘录

_____

_____

_____

_____

_____

025

任务四　视频参数设置

一、默认设置

大多数新手使用无人机航拍，面对密密麻麻的参数设置都无从下手，所以先使用默认设置和自动设置来熟悉操作是最保险的。待航拍技术熟练后再自己逐项尝试修改，体验不同参数之间的差异，如图2-4-1所示。

图2-4-1　默认设置

二、分辨率的选择

如没有超高清视频需求或对视频裁剪有需要，想要快速简单的分享，1080P分辨率的视频格式是很好的选择。拍摄近景或运动物体的时候可以使用4K/60帧进行拍摄，后期不仅可以裁剪放大，还能慢放获得升格的效果。当然，拍摄4K分辨率视频对内存卡和电脑都有较高要求，后期时可选择使用代理剪辑4K视频，如图2-4-2所示。

图2-4-2　高清设置

三、曝光参数

新手在曝光参数的选择上很容易出错，这个是需要大家注意的。在熟悉快门、光圈、iso值三者之间的搭配关系之前，可以使用自动曝光模式来保证基本拍摄场景下的曝光正确。在某些极端场景下，如果无人机曝光不够准确，用户可以打开直方图，手动调节EV使直方图的峰值集中在中间，这样就可以获得正确的曝光了。最后大家要注意不要过曝，因为在后期调整中，过曝的画面是非常难挽回的，如图2-4-3所示。

图2-4-3 过曝画面

与拍摄照片一样，无人机拍摄视频时一般有四种曝光模式，分别是AUTO（自动）、A（光圈优先）、S（快门优先）和M（手动）。

拍摄视频和拍摄照片曝光模式最大区别就是最慢快门速度，拍摄照片时最慢快门速度是8秒，而拍摄视频时最慢快门速度是1/30秒，拍视频时在暗光环境下必须使用角度的ISO。下面分享两条视频拍摄曝光设置的实用经验。

（一）视频快门速度的经验法则

在拍摄视频时，有一条常用的经验法则是将快门速度保持在帧速率的两倍，拍摄25fps的视频时快门速度设置为1/50，拍摄60fps的视频时快门速度设置为1/120。这种快门速度设置可以拍出合适的"运动模糊"，视频具有电影感。

（二）夜景视频拍摄参数

拍摄视频时最慢的快门速度只能到1/30秒，在夜晚拍视频时，如果ISO设置过低，即使光圈设置为最大，拍出来的视频也严重欠曝，黑乎乎的。因此，夜晚拍视频时只能使用较高的ISO，无人机拍摄视频夜

读书笔记
_____
_____
_____
_____
_____
_____
_____

景时常用的曝光设置是：M档，光圈F2.8，快门1/30秒，ISO1600，经过后期降噪画质也很不错。

四、D-Log模式

如果你想在后期视频的调色中获得更大的创作空间，可以选择使用D-Log模式进行航拍。这种模式可以保留更多暗部和亮部的细节，但是在DJI GO 4上看起来会偏灰暗，这是因为它需要在后期软件中叠加上正确的LUT文件才能发挥出强大的效果，如图2-4-4所示。

图2-4-4　D-Log模式

任务小结：

通过任务四的学习：了解无人机在拍摄图片、视频时要对其进行参数设置，主要的参数有拍摄分辨率、曝光参数等，对于快门、光圈、iso值三者之间的搭配很重要，后者就需要学习者通过不断的练习来提升拍摄效果。

项目三 湖景风光VR素材采集

项目目标:
1. 学习多旋翼（大疆御 Maciv 2为例）无人机的操作系统及基本操作。
2. 掌握无人机实地全景拍摄技巧和注意事项，学习对光线、画面构图、色彩校正等技能的综合掌握能力。
3. 掌握对全景图的后期合成技术（Kolor autopano giga为例）。
4. 学习"720yun"平台的使用和上传应用，掌握全景图上传至VR平台及发布。

项目技能:
1. 掌握无人机"指南针校准"并熟悉"美国手"操作起飞和降落训练。
2. 拍摄全景图时要分三个角度进行拍摄，不同的角度都有规定拍摄张数要求。
3. 全景图后期制作技术"补天"效果的制作，并对整体色调进行调整。
4. 使用"720yun"模板快速制作全景图并发布。
5. 掌握"1+X"无人机驾驶职业技能——飞行任务操作技能（视距内作业飞行）。

任务一　VR全景图片概述

一、全景图片概述

　　全景视图是指在一个固定的观察点，能够提供水平方向上方位角360度，垂直方向上180度的自由浏览，简化的全景只能提供水平方向360度的浏览。通常全景图片的获得有两种方法：全景拍摄和通过图像拼接来获得全景图片。前者需要特殊的设备，操作起来非常方便，但是设备价格非常昂贵，不适合普及。后者只需普通的相机即可，但是需要进行相应的图像投影和拼接。图像投影是指把实景图像投摄到一个统一的圆柱或者球体表面的过程，这样可以消除图像间存在的旋转关系，只保留平移关系，适合拼接。图像拼接是指两幅不同视角方向具有一定重叠部分的图像合成一幅图像。考虑到无人机起飞时无法携带比较笨重的专业全景设备，因此大部分无人机都能通过自带的摄像头通过第二种拼接的方式来拍摄全景。自带全景照片拍摄功能的无人机其原理是通过内置的系统自动合成了全景图片。

二、全景图片合成原理

　　（一）特征点匹配：找到素材图片中的共有的图像部分。

　　（二）链接匹配的特征点，估算图像间几何方面的变化。

　　（三）图像均衡补偿，全局平衡所有图片的光照和色调。

　　（四）补天：目前常规的无人机云台都无法垂直90度拍摄天空，实际上大部分场景的全景图对于天空的细节也不作要求。但是如果全景图里没有天空观感上会非常不自然，因此通常在合成最后补充一些天空的细节。

问题摘录

_____

_____

_____

_____

_____

任务小结：

　　通过任务一的学习：了解全景图片的概念和360度浏览，以及全景图片的拍摄原理和技巧，并对全景图片的合成有了全面的了解。

任务二 熟练掌握无人机操作系统

无人机操作
组装篇

一、无人机起飞

多数无人机都可以用手机直接控制，但为了飞行顺畅最好选择遥控器控制，本书中以大疆御 Maciv 2 无人机为例。

（一）机臂展开

先展开前机臂，再展开后机臂，如图3-2-1所示。

图3-2-1 无人机机臂展开步骤

（二）安装电池

将电池放入电池仓，推入并按紧，如图3-2-2所示。

图3-2-2 电池安装步骤

（三）开启飞行器

找到智能飞行电池开关，短按一次，再长按，听到启动音之后松开，如图3-2-3所示。

图3-2-3　开启飞行器

（四）开启遥控器

展开遥控器并找到遥控器电源开关，短按一次，再长按，听到启动音后松开，如图3-2-4所示。

无人机操作
遥控器篇

图3-2-4　开启遥控器

（五）连接并固定手机

将手机放入遥控器两侧卡槽处，放好后同时按下两侧卡槽，确认手机固定好后连接数据线，如图3-2-5所示。

读书笔记

_____
_____
_____
_____
_____
_____
_____

图3-2-5 固定并连接手机

【技能拓展】

掌握《无人机驾驶》职业技能——机型安装

（一）装配多旋翼无人机平台机体：多旋翼无人机机翼由电机和桨叶组成，大多采用快拆式的无人机桨叶，可拆卸折叠存放，因此安装无人机时在展开机身后将可拆卸的桨叶展开，安装到电机上，将卡扣对准并且按下桨叶固定到电机上。

（二）将装好无人机操作程序的手机连接并固定到遥控器上，并确认连接完成。

（六）启动控制程序

打开手机中事先下载好的控制软件DJI GO 4 APP，如图3-2-6所示。

图3-2-6 启动控制程序

起飞前准备

（七）起飞前确认

1. 首先检查指南针是否异常。如果异常需要进行校准，根据提示操作即可，如图3-2-7所示。

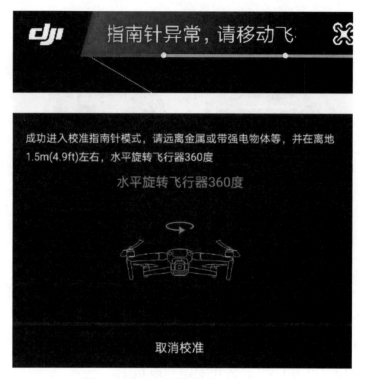

图3-2-7　异常情况

其次，把飞行器进行水平旋转360度，如图3-2-8所示。

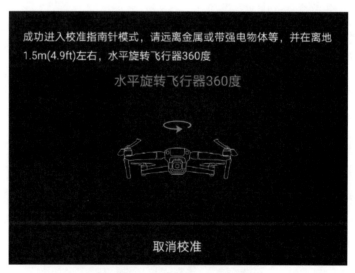

图3-2-8　水平方向校正

再次，把飞行器进行竖直方向旋转360度，如图3-2-9所示。
最后，直到提示校准成功为止，如图3-2-10所示。

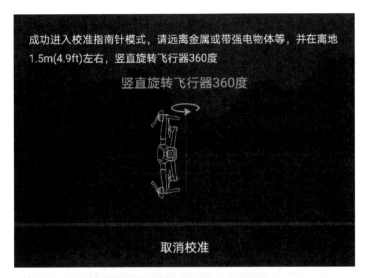

如图3-2-9　竖直方向校正

图3-2-10　指南针校准成功

2. 检查电池电压与温度，如图3-2-11所示。

3. 检查控制与图传信号状态，GPS连接数，视觉定位系统，如图3-2-12所示。视觉系统不生效时，建议GPS连接数大于10再起飞，避免失控。

4. 确认飞行器系统，已做好起飞准备，如图3-2-13所示。

图3-2-11　检查电池电压和温度

图3-2-12　检查图窜及GPS信号

图3-2-13　确认完毕

（八）起飞

1．再次确认飞行器上方是否有障碍物，附近是否有人靠近飞行器。

2．启动电机

（1）启动电机：外八或内八开启模式，如图3-2-14所示。

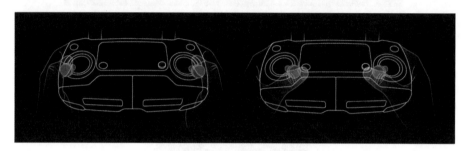

图3-2-14　启动电机

（2）一键起飞：点击手机APP中一键起飞按钮，再滑动滑块一键起飞，如图3-2-15所示。

图3-2-15　一键起飞

（3）再次确认桨翼是否牢靠，电机是否异响。如是一键起飞，飞行器会在离地1.2米处悬停，此时需要注意操作者和飞行器的距离，以免出现安全事故，如图3-2-16所示。

图3-2-16 再次确认

3. 推杆起飞

（1）以美国手为例，遥控器左端的摇杆控制飞行高度和朝向，如图3-2-17所示。

图3-2-17 左端控制

（2）遥控器右端的摇杆控制飞行的前进、后退和左右飞行，如图3-2-18所示。

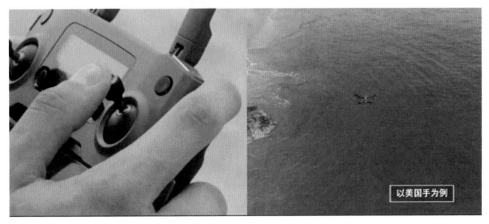

图3-2-18 右端控制

4. 操作飞行

根据操作者的习惯可以更换摇杆的控制设置，点击App页面右上角，进入遥控器菜单，修改摇杆模式，可以选择预设的"日本手""美国手""中国手"和根据自己的习惯自定义。大多数的飞行器都是可以选择"日本手"和"美国手"的。这两种控制设置涵盖了东西半球习惯的差别，是非常人性化的设计，如图3-2-19所示。

图3-2-19　修改摇杆模式

5. 降落

（1）控制飞行器降落，首先先把油门杆向下拉，飞行器或在离地1.2米左右悬停，此时继续把油门杆拉到最低位置，飞行器就会降落在地上了。等到桨叶停止转动，再去关闭飞行器电源，如图3-2-20所示。

图3-2-20　手动降落

（2）一键返航：点击屏幕上的"一键返航"，或长按遥控器的"只能返航键"。飞行器就会自动降落到起飞的地点，但当飞行器的定位不稳定时，一键返航时，操作者切勿大意，需要随时观察飞行器动向。如果飞行器降落处有障碍，则立即操作摇杆来停止一键返航，如图3-2-21所示。

图3-2-21　一键返航

【技能拓展】

掌握《无人机驾驶》职业技能——多旋翼视距内起降操作

（一）起飞训练：确认桨翼是否牢靠，电机是否异响，桨叶是否稳固，GPS信号是否正常，电池电量是否充足等，以上确认正常后方可准备起飞。起飞可选择较为空旷处并以美国手为例进行推杆起飞。

（二）降落训练：作业飞行结束后，平稳飞行至降落地上空，待离地1—2米左右悬停，此时继续把油门杆拉到最低位置，飞行器就会降落在地上了。等到桨叶停止转动，再去关闭飞行器电源，降落结束（部分无人机操作系统还配置一键返航功能）。

任务小结：

通过任务二的学习：不但掌握了起飞前必须对设备进行的检查和校正，也要掌握飞行操作系统（软件DJI GO 4 APP），特别是对常规性"指南针校正""一键起飞""一键返航"也都要做到熟练掌握。

问题摘录

_____

_____

_____

_____

_____

任务三　对于湖景风光的全景摄影技巧

一、保持画面的稳定性

全景图片的拍摄原理是要在一个固定的点进行360度拍摄，因此无人机的稳定性非常重要。无人机具有定点悬停的功能，好的无人机在无风的情况下在空中基本可以定住不动。因此，挑选好的无人机拍摄格外重要，如图3-3-1所示。

图3-3-1　悬停拍摄

【技能拓展】

掌握《无人机驾驶》职业技能——悬停操作（低空）

悬停训练：在无风或微风情况下，可以通过手动操作平稳控制无人机达到悬停。悬停需要操控者对无人机有一定的飞行基础，熟练控制无人机飞行平衡能力。部分无人机也具备一键"定点悬停"功能。

二、特写镜头拍摄技巧

航拍全景为大面积的画面拍摄，但其中往往会涉及一些特写镜头的拍摄，特写镜头和俯瞰镜头的结合会让画面更加丰富。那些航拍全景特写镜头从广角推向特写镜头比较困难，通常是将摄像机的焦点调到被设主题的近范围，依靠变焦范围广角端的景深去保证其余部分。航拍全景时要有意识地去选取一些动体，以使得画面增加活力。这样避免因俯拍平面画面太多而太呆板，会使整个画面更加生动、灵活。

三、光线把握技巧

航拍全景要注意对光线的把握，正确的光线把握会让画面更加饱满、鲜艳。拍摄空对地的场面时，要避免使用顺光机位，因为用这种机位拍摄的画面光线平淡，景物像叠在一起。一般多用侧光或者逆光机位，它能使画面上的景物增加立体感和深度感。在航拍全景中光线的把握至关重要，一定要把握好，避免湖面曝光的情况出现。

四、选择合适的位置

（一）手动拍摄

湖泊是比较开阔的，建筑物都会绕湖而建，找一个有标识的地点去拍摄会事半功倍。根据湖泊的大小决定无人机的高度，通常无人机飞到上方50-120米处悬停，调整好云台的拍摄角度，如图3-3-1所示。

图3-3-1　湖面拍摄

1. 水平拍摄一圈约8张照片，每一张照片最少25%重合度，如图3-3-2所示。

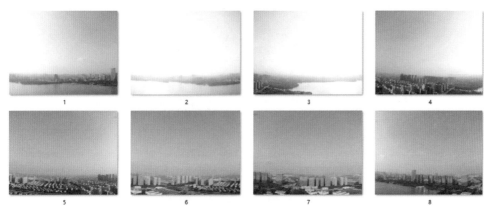

图3-3-2　水平拍摄

全景照片拍摄

2. 把云台向下75度，同样拍摄一圈，每一张照片最少30%重合度，如图3-3-3所示。

图3-3-3　云台向下75度拍摄

3. 把云台向下45度，同样的方法拍摄一圈约8张素材。无人机位置保持不变，相邻照片直接要有40%的画面重合，如图3-3-4所示。

图3-3-4　云台向下45度拍摄

4. 最后垂直俯视拍摄一张地面，如图3-3-5所示。

图3-3-5　垂直拍摄

5. 拍摄流程, 如图3-3-6所示。

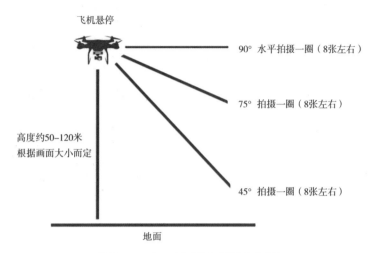

图3-3-6 拍摄流程示意图

读书笔记

(二) 一键全景拍摄

对于某些功能性较强的无人机, 一般都具备一键全景功能, 这大大简化了拍摄的步骤, 使得拍摄全景图片更加简单。

下面以大疆御 Maciv 2无人机为例, 如图3-3-7所示。

图3-3-7 一键拍摄

1. 选择好地点起飞无人机悬停到合适位置;

2. 点击拍照模式;

3. 选择全景。这里面有好多个全景的模式, 我们选择球形模式, 球形模式是能做到三维立体360度全景, 这个模式拍摄出来的图片可以直接运用到VR设备中去。点击拍摄即能得到一张完整的全景图片, 操作简单, 如图3-3-8所示。

图3-3-8　全景拍摄

【技能拓展】
掌握《无人机驾驶》职业技能——悬停操作（高空）
　　高空长时间悬停训练：在无风或微风情况下，可以通过定点悬停功能，同时辅助人工修正，悬停拍摄全景图，要求悬停平稳，旋转迅速，摄像机转动角度到位，整个拍摄动作柔和。

问题摘录

———————————
———————————
———————————
———————————
———————————

　　任务小结：
　　通过任务三的学习：掌握了全景图片拍摄的原理和要求，水平拍摄一圈8张，向下75度拍摄一圈8张，向下45度拍摄一圈8张，垂直地面拍摄一张。在全景拍摄时要设置为悬停，保证无人机的稳定性。

任务四　湖景风光VR全景图片后期制作

一、软件介绍

全景图片合成软件有很多，比如Teorex PhotoStitcher、Pano2VR、Kolor autopano giga等软件。它们的原理都是拼接，能自动分析并且重新排列图片，可以将你捕捉的一些重叠图像轻松拼接成一张完美的全景照片。

本书中主要讲解如何用Kolor autopano giga来完成全景图片的后期合成教学。该软件致力于创造全景、虚拟旅游和giga pixel 图像，主要用途是帮助你在短时间内将多张图片缝合成为一张360度视角的全景图片，还可以将全景图片导出为Flash，以便分享，如图3-4-1所示。

二、全景图片合成

（一）打开软件

（二）浏览文件夹

点击浏览文件夹，会弹出对话框，选择包含有原图片的文件夹，这里可以是整理好的各拍摄角度的照片，也可以是无序的。如果拍摄多张全景图片，而拍摄的素材混在一起，无法分辨，亦可以直接选择目标文件夹。软件会自动分辨相似图片进行甄别，并且分好组，在下方平均图片数目中可以选择图片的数量，即每组图片的数量，如果按照拍摄的标准大概是25张图片。具体根据自己拍摄的图片数量去定义平均图片数量，如图3-4-2所示。

图3-4-1　后期合成软件

图3-4-2　浏览文件夹

导入图片后，软件会自动把照片分组，此时你只需要把多余的分组删除即可，如图3-4-3所示。

图3-4-3　删除多余分组

（三）选择图像：点击选择图像，即把整理好的图片选择进去即可。

（四）插入魔术师：点击插入魔术师弹出对话框，这里有三个可供选择的插件分别是：Lens correction，Neutralhazer，External stack processing，如图3-4-4所示。

Lens correction：此插件可以帮助校正镜头，并从照片中移除镜头畸变、晕映虚光、色差等。

图3-4-4　魔术师图标

Neutralhazer：薄雾是一种气压现象，这可能会影响户外的照片，到目前为止似乎一切都要从拍摄器的白图层去覆盖，此插件可帮助使用者移除薄雾，获得清楚照片。此款软件能分析每个大气深度的像素计算。

External stack processing：该插件可以帮助使用者来调用外部工具在每个堆的群组，如图3-4-5所示。

选择你需要的插件，点击下一步，如去薄雾插件，选择需要修改的照片，滑动"电力"滑块。根据效果选择合适值，并应用所有的图片，点击完成即可，如图3-4-6所示。

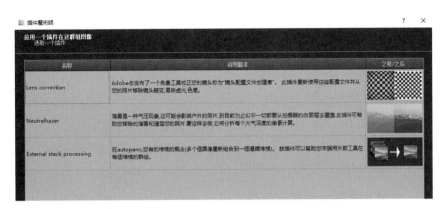

图3-4-5 调用插件

图3-4-6 成功调入插件魔术师

（五）检测：点击检测软件能自动检测，也可以同时检测所有的群组，如图3-4-7、3-4-8所示。

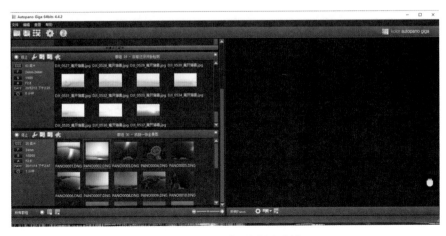

图3-4-7 自动检测前

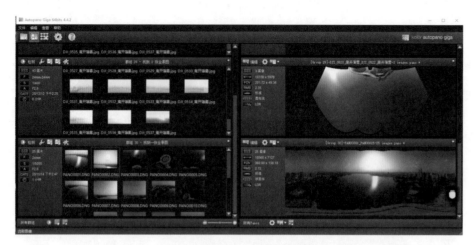

图3-4-8　自动检测后

（六）渲染：双击需要的全景图，如图3-4-9所示。

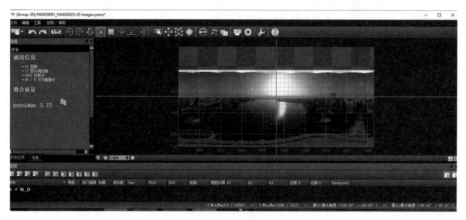

图3-4-9　渲染效果预览

（七）设置渲染参数：将照片的宽度设为16000，根据自己的需求选择图片的尺寸、质量、名称和输出位置等，最后点击渲染即可，如图3-4-10所示。

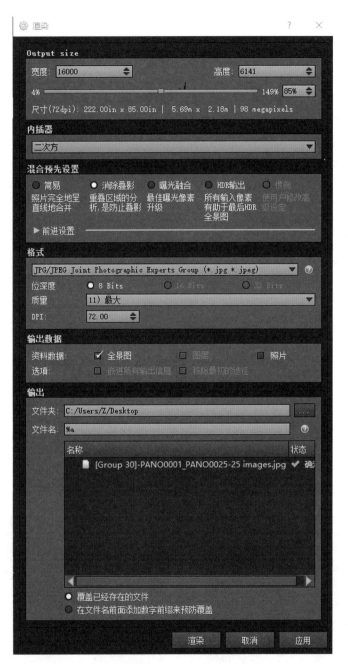

图3-4-10 渲染参数设置

全景图片合成

三、"补天"制作

（一）用ps软件打开全景图，如图3-4-11所示。

图3-4-11　打开Photoshop CC软件（版本最好不要低于CS6）

（二）由于拍摄的天空宽度较短，因此我们先将画面接长，点击图像画布大小。选择好定位后加宽高度，如图3-4-12、图3-4-13所示。

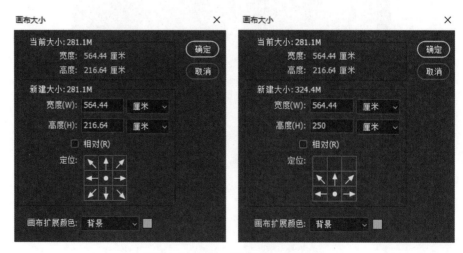

图3-4-12　设置画布大小

图3-4-13 调整后的画布大小

（三）选一张合适的天空素材拖到ps里面，调整全景天空的大小
（顶部对齐，两侧对齐，地平线对齐），如图3-4-14所示。

（四）去掉多余的部分并且栅格化图层，如图3-4-15所示。

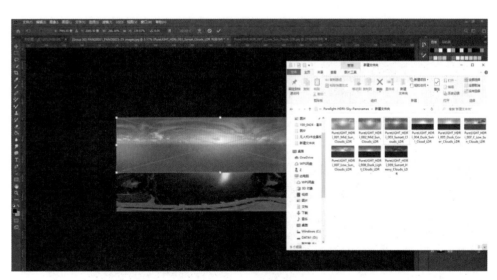

图3-4-14 调入合适的天空素材

图3-4-15　删除多余部分天空素材

使用ps滤镜位移工具，将两张图片的太阳的位置调整到同一位置，如图3-4-16所示。

图3-4-16　调整至合适位置

（五）将全景图图层调整到天空图层上面，如图3-4-17所示。

（六）给全景图层添加蒙版，选择渐变工具：渐变类型选择中灰密度，圈出选项与本图一致。按住shift，再按住鼠标左键从天空顶部往下拉直线，长度不要超过地平线，多拉几次可以看到效果，如图3-4-18所示。

图3-4-17 素材图层前后位置调整

图3-4-18 添加蒙版

（七）合并所有可见图层，快捷键"Ctrl+Alt+Shift+E"，单一的向下合并图层命令为"Ctrl+E"，如图3-4-19所示。

图3-4-19 合并图层后的全景图

（八）使用仿制图章工具和内容填充处理湖面的太阳光倒影，如图3-4-20、图3-4-21所示。

图3-4-20 调整前

图3-4-21 调整后

（九）校色处理：实景用颜色鲜亮，色彩较为丰富，遇有光线角度等问题导致拍摄的照片颜色比较灰，对照片执行"HDR色调"命令进行校色处理，如图3-4-22、图3-4-23所示。

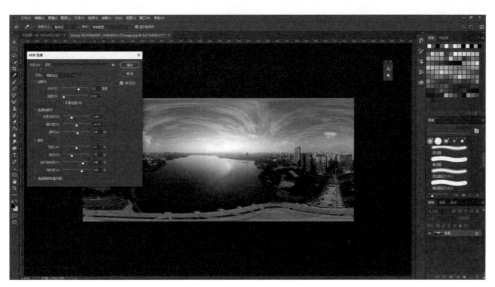

图3-4-22 校色前

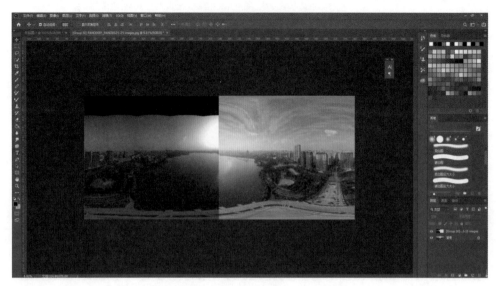

图3-4-23　校色前后对比

（十）再次打开Camera RAW对亮度、曝光等参数进行微调，如图3-4-24所示。

图3-4-24　最后微调

（十一）"补天"完成，如图3-4-25所示。

图3-4-25　"补天"完成

【技能拓展】

掌握《无人机驾驶》职业技能——作业数据处理

作业数据操作：按照任务要求完成作业，对采集的图片（全景素材）进行统一命名操作，将素材图片导入后期制作软件进行制作，全景图需要使用Kolor autopano giga完成素材拼接，使用Photoshop软件完成"补天"效果制作。

全景图片处理

任务小结：

通过任务四的学习：掌握后期软件Kolor autopano giga的基本操作，学习"魔术师"插件帮助校正镜头，并从照片中移除镜头畸变、晕映虚光、色差等。处理好拍摄好的图片后使用Potoshop CC软件来对素材进行补天效果制作，最后设置导出参数设置，完成全景图片制作。

问题摘录

_____

_____

_____

_____

任务五　VR全景图片的上传及应用

一、平台介绍

全景平台是通过上传全景数据来实现全景展示的网站。

用户可以通过全景网站来呈现自己的全景作品，网站则利用其提供的一些功能来盈利。现下市场上有很多这样的平台。这里主要介绍720yun平台。此平台几乎所有的全景展示、互动功能都可以轻松实现，重要的是更多创新功能将持续推出，而这些体验几乎都是免费的。

720yun平台使用图像碎片化，高速缓存、手机版图像压缩等技术，专为720yun平台和全景优化性能，让你的观众和客户高速浏览你的作品。

它的优点是一次发布，全部受用：只需发布一次，就可在电脑、手机、APP、网站等全平台上实现快速、高质量的全景浏览和分享。让使用者可以不受空间、时间的限制，尽情制作，而且操作简单便利，如图3-5-1所示。

图3-5-1　720yun平台

二、使用方法

720yun使用方法有电脑客户端、手机app和网站等方式。通过笔者测试，网站版功能更为多样，因此这里主要阐述网站版的使用方法。

720yun必定以盈利为目的，因此不少功能需要付费使用，这里只简单介绍免费使用的部分功能。笔者在此以一个湖景的场景漫游作为案例讲解。

登入：打开网站https://720yun.com或直接搜索720yun进入网站，并且注册，这里可以选择用微信、手机号或是邮箱号注册登入。登入后直接点击发布，点击从文件中添加全景图片，可以选择打水印和不打水印上传，为了版权保护，建议打水印，如图3-5-2所示。

图3-5-2　登入三步骤

（一）全景图片要求

1. 尺寸要求：比列要求2∶1的单张全景图片（宽高比为2∶1，若高：500PX　则宽：1000PX），文件不超过120M。

2. 全景图片命名规则：比例2∶1的单张全景图片对命名没有特别要求，但建议使用正式的项目名称作为命名规范。

3. 图片格式要求：图片要求格式用jpg格式。

4. 全景图片尺寸规范：单张全景图不小于：6000×3000像素。

（二）导入图片

1.把事先制作好的全景图利用ps进行长宽2∶1调整，如图3-5-3所示。

图3-5-3　整体比例调整

2.场景漫游编辑：点击作品管理找到上传的作品，点击编辑进入编辑页面，如图3-5-4所示。

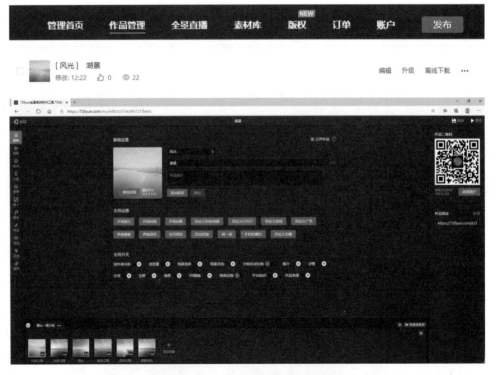

图3-5-4　场景漫游编辑

（三）基础

1. 基础设置

作品分类：选择作品分类，能帮助作品快速进入频道，帮助作品快速在720yun官网及720yun合作的流量平台进行展示。

作品名称：全景漫游作品的标题，微信分享时展示的标题。

作品简介：全景漫游作品的简介，微信分享时展示的描述文字。

添加标签：全景漫游作品的标签类型，可帮助作品被搜索引擎快速收录并推广。

公开作品：公开作品，作品将在个人主页进行展示；非公开作品，作品将不会在个人主页及搜索结果中出现，但是只要获取作品链接，依旧可以访问该作品。

2. 全局设置

（1）免费功能

开场提示：可更改电脑、手机端开场提示的图片及显示时间，可用于广告页面展示。

开场动画：支持五种动画选择，小行星、水平巡游、小行星巡游、水晶球、小行星缩放。

自动巡游：在屏幕一定时间内（大致7s-9s）没有交互动作，场景将会自动开始巡游展示，并在指定时间内巡游完一个场景，并自动进入下一个场景。

说一说：默认允许说一说留言及展示说一说留言，留言可在"作品管理"⇒"全景图片"⇒"说一说管理"中进行管理。

手机陀螺仪：检测移动设备是否支持陀螺仪；默认显示陀螺仪按钮，不开启陀螺仪；给观看者更多交互的选择。

（2）VIP功能

开场封面：VIP功能，可设置电脑端、移动端分别在加载全景之前的封面图。支持设置"居中""全屏"显示。

自定义初始场景：无论从哪个场景分享，可默认打开时的初始场景。

自定义logo：VIP功能，可将作品左上角的720yun logo换成自定义logo和链接，或者不显示logo。

自定义按钮：可在页面添加自定义菜单元件，可添加3个按钮/分组，分组内支持添加5个子按钮。按钮/子按钮支持类型：电话、链接、导航、图文、文章，图文类型内容样式支持选择"系统默认样式"和"VIP1样式"。

自定义广告：VIP用户可选是否放置广告，是否添加自己的广告，及是否显示系统广告。

界面模版：三套免费模版（默认模版支持一级分组展示为图片或者文字两组；以及"模版-1"）；VIP功能 | VIP模版1、VIP模版2（适用于快速建设全景网站）。

界面语言：vip用户支持中英文2种语言。

访问密码：为作品添加访问密码。

自定义右键：支持自定义三个超链接内容，添加进电脑屏幕右键/手机长按的菜单中。

3. 全局开关

创作者名称：默认在作品左上角展示作者名称。

浏览量：默认在作品左上角展示作品的浏览量。

场景选择：默认打开作品时，显示缩略图列表。

场景名称：一键开关设置在场景初始加载时，顶部是否显示场景名称。

简介：添加作品简介后，默认在作品左上角显示简介按钮。

点赞：默认打开作品点赞功能。

分享：默认展示分享按钮，提供作品的二维码进行分享。

全屏：控制全屏观看，移动端ios不可以实现全屏。

清屏：控制清屏观看。

VR眼镜：默认展示VR功能按钮，点击VR眼镜，作品展示从单屏切换成VR模式，注意解锁手机的"竖屏锁定"和微信的"允许开启横屏"。

视角切换：默认不展示视角切换按钮，但是电脑右击、手机长按屏幕，将出现视角切换的选项，但是很多用户是不知道有这个功能的，所以可以选择开启此按钮，体验用不同的视角观看场景。

平台标识：简介中添加720yun信息，vip用户可删除。

读书笔记

作品来源：vip用户跨账号复制作品可选是否保留原账号昵称。

4. 场景列表管理

场景分组：可将场景进行分组，并修改场景分组的名称，如图3-5-5所示。

图3-5-5 场景分组命名

缩略图隐藏：该功能适合制作同一场景不同状态的切换展示用，隐藏多余的场景，通过"场景切换"热点及"保持视角"切换效果，可以让你的作品实现更多的炫酷展示；技巧提示：如果作品中场景超过15个，建议通过隐藏部分缩略图，可以加快作品的加载速度。

场景缩略图：可对缩略图的封面图、场景名称进行修改，通过拖拽来更改顺序、分组。

5. 作品二维码及链接

作品二维码：作品一旦发布，作品二维码就会生成，不可重置更改，可通过本地上传，更改作品二维码中间的logo图片，如图3-5-6所示。

作品地址：可快速复制作品地址或者在新窗口打开当前编辑的作品。

图3-5-6 作品二维码

6. 视角

初始视角：观看者打开场景时，默认展示的位置内容。

视角范围：分为"最近"和"最远"，"最近"是指场景画面可放大到的最近距离，"最远"是指场景画面可缩小到的最远距离。

水平视角/垂直视角：视角分为两个方向，"水平视角"和"垂直视角"。"水平视角"范围为−180°～+180°（共360°），水平拖动的视角范围；"垂直视角"范围为−90°～+90°（共180°），垂直拖动的视角范围。

限定视角：可通过修改FOV值、视角范围、垂直视角范围来限定视角。

自动巡游时，保持初始视角：默认在场景开始自动巡游时，水平&垂直视角不与设定的初始视角的水平&垂直视角保持一致。

应用场景：选择将当前的视角设置快速应用到其他的场景，如图3-5-7所示。

图3-5-7　视角

7. 热点

全景内常用的交互方式有两种：热点交互、VR模式交互（实际也是通过热点进行交互）。

（1）全景切换类型热点

此类热点用于切换到不同场景，右上角可以选择图标，有动态gif的，也有静态图标，同时可以选择图标的大小。也可设置热点的名称，字体有三个字号可以选择，分别是12、14、16号字体，如图3-5-8所示。

图3-5-8　全景热点

场景切换可以选择：淡入淡出、缩放过渡、黑场过渡、白场过渡、从右至左、对角线、圆形展开、水平展开、椭圆缩放。

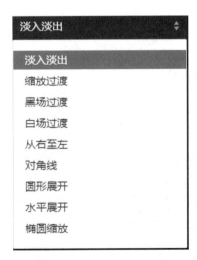

图3-5-9　转场模式

（2）超链接

此类热点用于链接到其他网页，打开方式有：在新窗口打开（不影响当前页面），在当前页面打开（当前页面跳转到指定链接），在弹出层打开（在全景内弹出网页。注意，此时需要填写的网页链接必须支持https协议，而且目标网站没有iframe嵌入限制，否则，将无

全景图片上传

法使用弹出层来展示超链接网页）。

（3）图片热点

点击热点，弹出图片集进行展示，单张图片最大支持2000x2000px≤5M，超过该尺寸将被系统压缩或者系统出错。

（4）视频热点

点击热点，弹出视频进行展示，目前视频仅支持上传至第三方平台，复制通用代码，同时将通用代码中的http改成https（暂时不建议使用爱奇艺视频，Mac的Safari浏览器及iPhone手机的浏览器无法加载）。

如果想要调整视频显示的尺寸，需要修改通用代码中的width和height参数，仅支持数字值。

通用码不是网页地址，通用码需要到视频分享处去寻找，如图3-5-10所示。

图3-5-10　通用码

将通用码复制到视频地址种子，将视频地址填写到视频地址栏中，同时对其进行命名，如图3-5-11所示。

图3-5-11 复制通用码

点击预览，找到热点位置，并点击热点即可打开视频。再点击播放就能播放视频了，如图3-5-12所示。

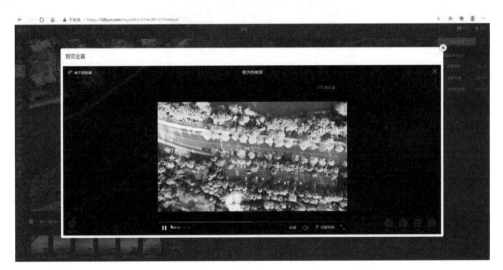

图3-5-12 预览

（5）文本热点

点击热点，弹出文本进行展示。

（6）音频热点

点击热点，播放指定音频文件，如图3-5-13所示。

图文热点：点击热点，支持图片、文本、音频内容进行讲解；VIP用户可使用单独的VIP样式。

读书笔记

图3-5-13　音频热点

环物热点：点击热点，弹出环物序列图，通过左右拖拽，进行环物展示，环物序列图要求：

序列图数量≤50

单张图片大小≤100kB

序列图命名以连续数字命名：1.jpg，2.jpg，3.jpg，…

文章热点 | VIP功能：支持文字、视频、图片排版展示。

任务小结：

通过任务五的学习：掌握了"720yun"平台的使用，无论在电脑客户端、手机APP、网站都可以进行全景浏览和分享。还详细介绍了"720yun"平台的设置和功能，同时对软件的几套模板也做了简要的使用说明，让大家对平台的导入、调整、热点制作到最后发布一系列流程都有了全面的了解和掌握。

项目四　古镇景点VR素材采集

项目目标:

1. 学习VR全景视频素材拍摄的要求和与普通视频的区别（必须使用360全景摄像机拍摄），掌握了全景素材拍摄的原理。

2. 学习空中摄像技术（推进、拉远、上升、横拍、环绕、穿越）的拍摄要求。

3. 掌握不同高度的拍摄技巧（高空、低空、超低空）。对无人机操控具有更高的要求。

4. 学习后期软件insta360对全景视频进行剪辑技术，并掌握部分插件的应用。

5. 运用配套360全景视频播放器播放和上传平台。

项目技能:

1. 训练如何熟练控制无人机进行环绕和穿越等技巧性拍摄，特别是超低空拍摄要做到画面、速率稳固高质。

2. 提炼航拍构图和取景技巧。

3. 掌握全景视频剪辑技巧，特别是"GoPro FX ReFrame"插件的使用技巧。

4. 掌握"1+X"无人机驾驶职业技能——飞行任务操作技能（视距内机动飞行）。

任务一 无人机全景视频拍摄原理

一、VR全景视频概述

全景视频是通过360度全景摄像机拍摄，经过后期的剪辑拼接，将静态的全景图片转化为动态的视频图像。用户在观看视频的时候，可以随意调节视频上下左右进行观看。换一种说法就是，全景视频拍摄是在一定范围内的某个时间段，记录周围所发生的一切，并且展现出来。

目前来说，全景视频的拍摄主要有以下三个手段：

（一）可以通过全景拍摄设备配合图片合成软件来制作现场视频。

（二）可以通过3D设计软件制作动画视频。

（三）可以将现场视频和动画视频结合制作出更多形式的全景视频。

但不管是通过哪种方式，最终将输出的是一定格式的片源。和普通的视频相比，全景视频仅仅是内容上的差异，而格式上仍然采用诸如MP4、AVI等视频格式。

所以，全景视频需要通过专门的全景播放器来播放，这种播放器需要结合姿态传感器的数据动态调整显示在屏幕上的画面。

在播放全景视频时，和普通视频一样，也是播放器从视频源中一帧一帧地取画面，但全景视频播放器会将取出来的画面贴在一个球体的表面，如图4-1-1所示。

将画面贴到球体表面后，为什么人能够看到整个画面的各个方面呢？是因为观影点刚好在这个球体的中心，观众可以通过转动头部来控制观察的视线方向。

读书笔记

图4-1-1　全景视频拍摄单帧画面效果

二、无人机拍摄方式

无人机航拍全景视频即是通过无人机结合全景相机进行拍摄，航拍中需要稳定飞行，无人机也能满足各种镜头的拍摄效果。因此在无人机上加载全景摄像机拍摄是最理想的拍摄状态。

由于无人机较小，因此搭载的全景相机也比较小，这里推荐使用insta360全景相机或是利用gopro加广角镜头。这样无人机只是当作飞行器来使用，如图4-1-2所示。

图4-1-2　无人机搭载insta360全景相机

任务小结：

通过任务一的学习：掌握无人机全景视频拍摄的原理，拍摄全景视频必须使用360度全景摄像头，普通摄像头无法拍摄全景视频。

问题摘录
_____
_____
_____
_____

空中摄像技巧

任务二　掌握空中摄像技术

虽说全景视频可以360度全方位观看，但是其本质同普通的摄像原理还是相同的，因此掌握好空中摄像技术才能更好地拍摄全景视频。

一、推进拍摄

类似于跟镜头的拍摄手法，将无人机慢慢靠近主体，在镜头里主体被慢慢放大，一般推进时可以适当提升无人机高度，这样可以用于着重表现和突出被拍摄的对象，具有一种形式感。这种拍摄手法可以用在片头，用来交代地点、时间等信息，如图4-2-1所示。

图4-2-1　推进拍摄

二、拉远拍摄

与推进相反，从一个中心位置向后退去，画面逐渐变得辽阔宏大，用于表现壮观的全景。向后推进的镜头还可以用在人物上面，通过无人机快速向后拉远，配合人物动作，达到瞬间远离人物的效果，如图4-2-2所示。

图4-2-2　拉远拍摄

三、上升拍摄

除了前进和后退，最简单的就是上升和下降飞行器的高度，但由于相机的朝向不同，所呈现的画面也是完全不一样的。这种拍摄手法可以把被摄物体拍得高大、庄严，如图4-2-3所示。

图4-2-3　上升拍摄

四、横飞摆镜拍摄

操作者可以把无人机飞到合适的高度构图好，建议飞高一点拍摄广角画面，横飞摆镜时视觉效果较稳定。如有特定的拍摄物体，则可以轻微旋转机身以矫正拍摄的方向。一般向右横飞就向左转动机身，向左横飞就向右转动机身。转动机身时要匀速，这个操作对操作者要求略高，重复飞行训练几次，这样才能得到顺畅的摆镜效果，如图4-2-4所示。

图4-2-4　横飞摆镜拍摄

五、环绕拍摄

环绕拍摄也是航拍的一大常用手法，与横飞摆镜不同的是，横飞要以大弧线飞行，环绕则是围绕主体来进行圆形拍摄。对于操作者要求更加高。但部分无人机具有一键环绕拍摄功能，只需要框定主体物，按下一键拍摄即可，飞行器会根据框定的主体物制定飞行轨迹，环绕一圈后自行停止，同时还可以设置飞行时间速度等，比较便利，操作也更加简单，如图4-2-5所示。

六、穿越拍摄

穿越式航拍手法有很强的视觉冲击力，根据目标建筑进行穿越飞行，这种飞行难度相对大一点，需要飞手具有较娴熟的操控能力。另外需要选择足够空旷的空间，否则离建筑物较近会影响飞行器的信号，导致不受控制发生坠机事故，如图4-2-6所示。

图4-2-5 环绕拍摄

图4-2-6 穿越拍摄

【技能拓展】

掌握《无人机驾驶》职业技能——多旋翼视距机动飞行

（一）定高平飞训练：掌握稳定操控多旋翼无人机定点定高悬停，并保持规定时间的稳定拍摄和监视。要求：掌握高空长时间悬停拍摄技能。

（二）定点斜飞训练：按规划路线平稳匀速飞行，要求整个斜飞从开始到结束动作柔和，拍摄画面稳定。要求：飞行路线不得偏移，整个定点飞行过程中无人机平稳，确保镜头画面稳定性。

（三）环绕飞行训练：按要求对规定设施或建筑物进行环绕、穿越拍摄，同时对不同角度进行镜头拉近拍摄特写等。要求：操控者具备较高操控能力，对无人机环绕和穿越空间感有一定的预判能力。

（四）穿越飞行训练：根据景物和建筑物进行穿越飞行练习，操控难度较大，需要操控者有很强的操控能力。要求：操控者有较娴熟的操控能力。

问题摘录

———————————
———————————
———————————
———————————
———————————

任务小结：

通过任务二的学习：基本掌握无人机空中拍摄的常规技巧，如推进、拉远、上升、横拍等拍摄方法，但对于环绕、穿越等低空有难度性拍摄技巧需要大家通过不断的努力练习才能熟练掌握。

任务三 航拍构图、取景技巧

一、地平线拍摄

在这种情况下，操控无人机飞到空中，摄像机对准前方，以捕获地平线，光线对于这些拍摄非常重要，因此请选择合适的时间与景观融为一体，如图4-3-1所示。

图4-3-1 地平线拍摄

记住三分法则和其他构图法则也很好，在设置无人机摄像头的角度时尝试使用它们，通常会遇到天空和地球占据一半图框的图像，甚至可以尝试创建由多个图像组成的大视野全景图。

二、高空拍摄

在爬升到最大高度限制的同时，将相机向下转向地面并直接向地面拍摄，汽车和船只之类的物体从这里看起来很小，几乎无法分辨出图像中的人物，如图4-3-2所示。

图4-3-2　高空拍摄

三、低空拍摄

许多无人机摄影师，尤其是初学者，都认为越高越好，但这不是万能的，因为令人惊叹的前景是从一个较低的高度拍摄的，如图4-3-3所示。

当无人机距离地面仅5-10米时，你有机会从完全不同的视角捕获很多有趣的细节。摄影师经常喜欢把无人机飞得很低。也许高度过高和广角镜的组合会使拍摄的画面不那么生动和富有表现力。

图4-3-3　低空拍摄

四、对称式构图，平衡美感

将画面左右或上下分为2∶1，形成左右呼应或上下呼应，表现的空间会比较宽阔。

图4-3-4 对称式构图

五、引导线

引导线是一种常见的合成技术。在这里，一条或多条线引导观众的眼睛穿过照片的各种元素，如图4-3-5所示。

无人机和自然摄影都可以使用许多视觉提示，桥梁、延伸到远方的道路、城市街道等。

图4-3-5 引导线构图

六、消失点构图

透视规律告诉我们了近大远小的透视规则，所以在远方，我们可以看到平行线汇聚于一点，这个点被称作消失点。自然界或者人为设置都可以拍到平行线的画面，这类画面的特点在于规整与元素重复，可以让画面营造出特别的韵味。尤其是自然界的重复元素，可以更好地烘托主题。多选择这类画面进行构图不但可以让画面更具冲击力，而且平行线会引导观看照片的人将视线移至消失点，使得画面的空间感更强一些。

图4-3-6　消失点构图

问题摘录

_____

_____

_____

_____

_____

任务小结：

通过任务三的学习：掌握无人机如何捕获地平和合理利用光线，从而选择合适的时间与景观融为一体，对初学者来说"三分法则"是较容易掌握的构图法。随着拍摄训练的增加可以尝试使用"引导线""消失点""对称"的构图方式进行拍摄。

任务四　无人机VR全景视频拍摄技巧

全景视频由于能360度查看画面，因此拍摄的时候人员不宜过多。以下几个小技巧可供拍摄者参考。

技巧1：

需要注意缝合线。在拍摄360度VR全景拍摄时，一定要注意不要把拍摄的主体放在缝合线处，这样的做法会被切分，看起来会非常奇怪。

技巧2：

可以让无人机飞行高度和人的视线高度持平，这样可以把相机当成一个人。能达到第一视角的拍摄效果，但要注意飞行器和人物不宜过近。

技巧3：

无人机不宜与拍摄物体过近，会遮挡相机的视线，降低画面的质量。适当提升无人机的高度，扩大拍摄的范围。上升高度也不宜太高，导致画面动态感不强。

技巧4：

无人机拍摄运动镜头时，不要旋转无人机，即不要旋转镜头，同时前进的速度放缓，因为用户在观看视频的时候，视觉感觉移动，而身体没有感觉移动，因此会感到晕。如果在这个时候你旋转相机的话，那么用户就会更加晕。

技巧5：

千万要注意保持无人机的相机稳定，因为观看全景视频时画面抖动较强，观看者会出现视觉晕眩不适等症状。

任务小结：

通过任务四的学习：对无人机全景视频拍摄作了5点技巧分享，分别是缝合线、人物视角拍摄、机和镜分开操控和稳定操作等。

问题摘录

_____

_____

_____

_____

任务五 无人机VR全景视频剪辑技巧

一、插件安装

首先，需找到Adobe Premiere Pro（2019/2020）和Final Cut Pro X插件，安装后可直接在Premiere/Final Cut Pro X查看和编辑insv/insp/mp4格式文件。

其次，点击下载符合你电脑系统的版本。继续找到Third-PARTY SOFTWARE其他第三方软件，选择GoPro FX Reframe Plugin，点击下载。此插件安装后可在Adobe Premiere内对360全景视频（insv格式）和mp4文件实现Reframe功能，如图4-5-1所示。

图4-5-1 插件

二、插件使用

（一）将视频导入相应的软件中，并预览360度，如图4-5-2所示。

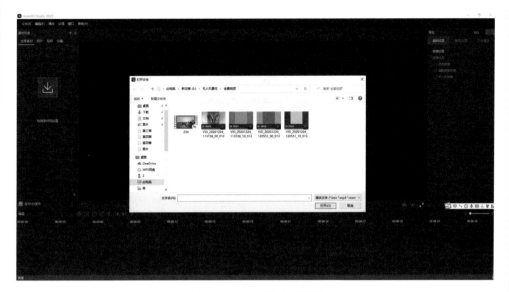

图4-5-2　导入视频

左下方可以切换预览视角，如鱼眼、小行星、水晶球、透视等。

1. 鱼眼模式

焦距较短，视角接近于180度，此视角超出了人眼所能看到的范围，并且可自由切换画面的视角，让观察者有一个更加宽阔的视角，如图4-5-3所示。

图4-5-3　鱼眼模式

2. 小行星模式

将全景图按照经纬展开法贴图到球体，再将球体投影到平面上达到的效果，像人站在小行星上。这种画面比较特别和新奇，是全景爱好者非常喜欢的一种模式，如图4-5-4所示。

图4-5-4　小行星模式

3. 水晶球模式

同样是将全景图通过经纬展开法贴到球面上，图像的第一行聚集在一起成为球体的北极点；图像的最后一行像素聚集在一起成为球的南极点。同样可以调整画面的视角，像一个水晶球一样，画面具有魔幻感，如图4-5-5所示。

读书笔记

图4-5-5　水晶球模式

4. 透视模式

通过一点透视的效果，将画面的消失点集中于一点，达到纵深的效果，与鱼眼效果的原理正好相反，它的焦距较长，视角较小，如图4-5-6所示。

图4-5-6　透视模式

5.平铺模式

将视频画面展开，与全景图原理相同。此画面无法切换视角，但是许多全景平台中只支持此效果的上传和应用，它的长宽比例大致为2：1，如图4-5-7所示。

图4-5-7　平铺模式

（二）设置

1．根据需要可以选择防抖、拼接和降噪设置。如果对拼接效果不满意可以选择一个时间点画面为参照进行拼接校正，如图4-5-8所示。

2．"360度全景"视频剪辑

视频剪辑软件支持自动取景功能，自动识别重要画面，在文件列表中点击自动取景图标。软件将自动识别重要的拍摄物体和精彩画面。等待分析完成图标会变成黄色。再次点击图标可以查看分析后生成的精彩片段。

也可以点击自由剪辑，根据自己的需要来剪辑视频。选择需要的视频比例，一般默认为16∶9。点击添加关键帧，可以记录画面的水平角度、垂直角度、滚动角度、视场角和距离。

3. 导出视频

导出视频前可选择保存该视频剪辑参数，以便后面进行修改。最后点击导出，设置视频分辨率、编码格式等参数，选择好保存路径，点击确定，如图4-5-9所示。

图4-5-8　导出设置

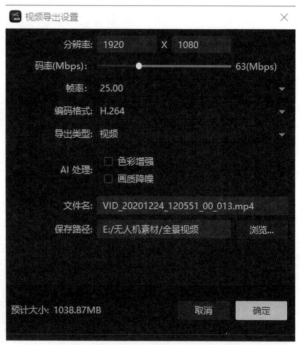

图4-5-9　视频导出设置

三、premiere 视频剪辑

（一）导入

在premiere中新建序列，将全景视频导入到素材库中，注意5.7K视频中的两个文件导入任一个即可。premiere会自动关联另一个，如图4-5-10所示。

图4-5-10 导入视频

（二）设置

右键单击素材，点击"源设置"，可打开或关闭防抖功能，如图4-5-11所示。

（三）应用插件效果

选择素材所需要的片段，在效果里查找"GoPro FX ReFrame"将其应用到时间线的素材上。应用后会发现该素材已经改变了视角。但此时的画面有黑边，如图4-5-12所示。

在插件中选择需要的分辨率，如图4-5-13所示。 并且将序列中的分辨率改为插件中的分辨率，如图4-5-14所示。

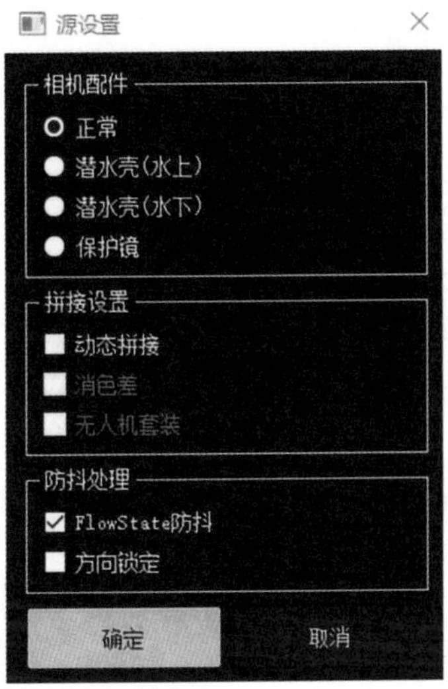

图4-5-11

图4-5-12　插件效果　　　　　图4-5-13　分辨率选择

图4-5-14　序列分辨率修改

　　此时画面的黑边没有了，屏幕上出现一个框。拖动框中的不同部分可以调整画面视角，左右两边是旋转，上下两边是缩放，四个角是调整画面的曲率，左右拖动时左右平移，上下拖动时上下平移，中间的十字用来确认画面中心，如图4-5-15所示。

图4-5-15　修改设置后的画面

根据需要可以在效果控件GoPro FX Reframe中添加关键帧。关键帧的设定可以根据音乐节奏来调整。关键帧设置完成后可以渲染查看效果，若有关键帧不顺畅可以再修整细节，如图4-5-16所示。

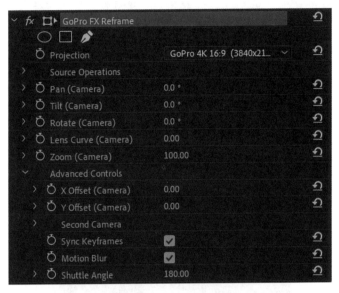

图4-5-16　关键帧设置

（四）剪辑

由于无人机的声音过于嘈杂，因此将视频的音频链接断开，并删除视频的音轨，加入合适的背景音乐，根据音乐剪辑多段视频。可以通过沉浸式视频转场效果来做不同视频间的过渡。当然也可以运用其他合适的转场效果，如图4-5-17所示。

图4-5-17　画音分离

（五）调色

选择pr中的颜色面板，如图4-5-18所示。

图4-5-18　调色面板

可以在创意里面选择不同的预设，也可以调节饱和度、色彩平衡等参数来调整视频的颜色效果，如图4-5-19所示。

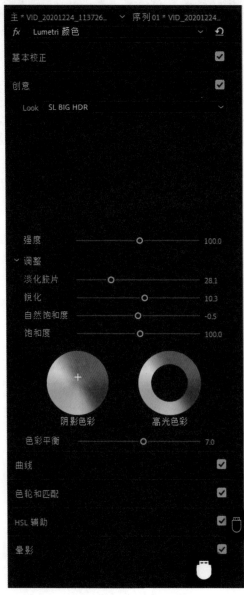

图4-5-19　调色参数

（六）导出

点击文件——导出——媒体，选择需要的格式，不同平台要求的视频尺寸不同，比如说720云上要求视频的尺寸为2：1，可根据具体的需求来调整视频的尺寸。设置好保存路径和视频名称，点击导出即可导出视频，如图4-5-20所示。

图4-5-20　导出设置

任务小结：

通过任务五的学习：对无人机全景视频剪辑插件做了全面的介绍，同时对全景视频的5种预览模式也做了案列分享，让学习者能很好地掌握全景视频的剪辑技巧。

任务六　无人机VR全景视频上传及应用

一、全景播放器介绍

　　360全景视频播放器是一款功能强大的Insta360全景相机的配套工具。该软件使用方便，操作简单。360全景视频播放器支持播放Insta360全景相机拍摄的全景视频和图片，并支持播放insv、insp、mp4、jpg格式的画面比例为2：1的标准全景视频和图片。同时，在安卓、ios、mac平台也有对应的版本，让你在多个平台都可以播放Insta360全景相机拍摄的全景视频和图片，如图4-6-1所示。

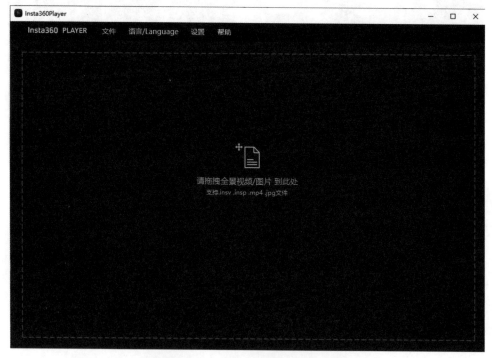

图4-6-1　360全景视频播放器

二、全景网络平台上传

　　同样以720yun为例，720yun不单单可以用来上传全景图片，也能上传全景视频。在发布里面点击全景视频，同项目三任务五内容一致。

　　不同于全景图片，全景视频的修改比较少，除了视角的转换，没有其他的修改方式，因此上传的视频需要在其他软件中剪辑完成。

　　720yun中最大支持的全景素材为3GB，最小分辨率为1280x640，视频格式为MP4，编码为H.264，宽高比例为2∶1。

任务小结：

　　通过任务六的学习：了解全景视频必须使用360全景视频播放器才能播放，全景视频的格式与普通视频几乎一样。同时对全景视频如何上传网络平台在项目三中已做了详细说明这里就不再讲解。

问题摘录

_____

_____

_____

_____

项目五　城市风光VR素材采集

项目目标：

　　1. 学习夜景拍摄技巧，在夜景拍摄中城市夜景必不可少，城市夜景首选当地地标性建筑拍摄。

　　2. 学习如何合理选择拍摄景点和拍摄时间，同时兼具光线条件。

　　3. 训练确保夜景拍摄采用包围曝光，不光对无人机的稳定性提出了更高要求，同时对风速也有更加苛刻的标准。

　　4. 掌握夜景拍摄最佳时机，保障影调统一。

项目技能：

　　1. 掌握夜景拍摄技巧，以城市地标夜景拍摄为主。

　　2. 掌握夜景全景拍摄曝光参数设置和准确对焦等技巧。

任务一　航拍城市风光

在城市发展的过程中，有一定的趋势。纵横交错的交通充分利用了城市空间。这些街道的繁荣往往反映了这个城市的发展趋势。作为一名无人机爱好者，航拍照片也是一个不错的选择。站在城市的最高点，用广角镜和小光圈延长曝光时间，吸收光线，拍摄城市的"脉络"，让作品更有血有肉。

一、地标建筑

每个城市都有自己的特色，如北京的胡同、上海的外滩、哈尔滨的中央大街等。然而，有些城市是很明显的，有些则取决于你自己的发现和理解。这种城市空间摄影作品蕴含着浓厚的地域气息，散发着城市特有的气质。

想要航拍城市风光，我们首先要了解这座城市的文化特征，找到它的地标建筑，一座城市的地标建筑象征着整个城市，如上海的东方明珠、北京的天安门城楼、广州的广州塔等。

二、城市立交之美

城市的繁荣离不开道路的建设，城市越繁荣，人口越多，相应的交通工具也会增多，车流量增大，原先的道路开始满足不了日益增加的车流量，一座座立交桥拔地而起，它代表了一座城市的繁荣程度。

航拍立交桥，要重点体现立交桥的结构与曲线之美，立体桥有层次分明的画面冲击感，复杂的立交与有序的交通产生对比，如图5-1-1所示。

三、建筑物群

城市最容易让人联想到的就是林立的高楼大厦，恢弘庞大的建筑物群更能表现城市的繁荣。航拍给了实现建筑表达的可能性，与常规的人视角度拍摄手法有所区别，航拍角度相对更自由。而对建筑与周边城市、道路的环境关系、城市规划、景观等的了解能够更加有利于突出建筑的特色，如图5-1-2所示。

读书笔记

_____
_____
_____
_____
_____
_____

图5-1-1 夜景立交桥

图5-1-2 城市建筑群

任务小结：

通过任务一的学习：懂得了夜景拍摄如何选址，由于涉及光线、曝光等实际问题，夜景拍摄选址多为城市、城市地标性建筑物等。在夜景航拍时我们更要注重整体构图和光线把握。

任务二　航拍城市夜景

一、合适的拍摄时间

夜景拍摄的时间选择很重要，我们需要选择一个天气晴朗且风小的时间去拍摄，最佳时机是日落后10到20分钟，这时天还没有全黑，城市的灯光也逐步亮起，是拍夜景的最佳时间，这时拍摄的夜景照片画质最佳。如果天完全黑了，拍摄的照片将会有很多噪点，画质大受影响。

二、照片格式设置

照片格式推荐 JPEG+RAW 格式，以便通过后期调整来弥补前期暗部细节的不足。另外RAW格式照片后期还可以调整照片色彩。

三、曝光参数设置

因为夜间拍摄的光线比白天弱，所以需要使用更高的感光度或更长的快门时间来提高曝光，否则画面将黑乎乎一片。在拍摄时，拍照模式设置为M档（手动模式），手动设置ISO值、快门速度和光圈大小。首先将ISO调至最低，再通过实时图传画面观看亮度来调节光圈和快门速度。对大疆御2来说，一般先把光圈调为F4，然后调节快门速度后，如果快门大于4秒以上画面依旧非常暗，可逐步提高 ISO 值，直至画面亮度适中。

在拍摄完成后，可以在确保无人机安全的情况下，及时通过照片回放查看拍摄情况，来确认当前曝光参数是否适合，如图5-2-3所示。

四、准确的对焦

大疆御2无人机拥有手动对焦功能，拍摄时可通过手动选择对焦点，确保画面更清晰。选择焦点时，在图传画面上框选希望清晰的部位，就可以手动指定对焦点。如使用自动对焦，需要选择画面中较亮、反差较大的位置进行对焦。

另外，夜景拍摄时不妨打开"峰值对焦"，它会将画面中最锐利的区域高亮标识出来，帮助我们判断画面区域是否成功对焦。在相机设置中，将峰值等级设置为普通，如图5-2-4所示。

图5-2-3　夜景马路

图5-2-4　对焦

五、提高稳定性

大疆御2无人机的增稳云台相机，可实时判断飞行姿态来调整云台角度，帮助我们在延长快门时间的同时，保持画面依旧清晰稳定。但是如果快门速度较长时，飞行器存在抖动，将影响画面稳定而导致糊片。在夜景拍摄时，我们可以通过以下几点提高稳定性。

1. 拍摄夜景照片时，把无人机飞行模式切换为三脚架模式，增加稳定性。

2. 在相机设置里开启"拍照时锁定云台"功能，也可以增强拍照的稳定性，让画面焦点更准确、更清晰，如图5-2-5所示。

3. 悬停增稳。在无人机刚刚完成飞行动作时，需要一点时间才能回到完全静止的状态。因此，当无人机位置发生变化后，建议先保持飞行器悬停7到10秒后再开始拍摄。

图5-2-5 "锁定云台"

六、关闭机臂灯

为了不让无人机前臂灯的光晕影响到拍摄画面，可以在相机设置菜单中打开"自动关闭机头指示灯"功能，避免前臂灯影响拍摄。

七、调节云台水平

在构图取景时，如果云台相机出现轻微倾斜，会导致画面歪斜，影响照片效果。我们可以微调云台的水平线，进入通用设置菜单，点击云台相机图标，选择云台微调，左右微调即可，如图5-2-6所示。

图5-2-6　调节云台水平

八、使用纯净夜拍模式

大疆御2专业版的纯净夜拍模式，在光线不足的环境下，能够有效减少拖影和噪点，无需经过繁复后期，直出的照片依然清晰纯净。对于不喜欢后期或不会后期的飞手，可以选择纯净夜景模式。进入拍照模式菜单，点击选择纯净夜拍，如图5-2-7所示。

图5-2-7　纯净夜拍模式

九、AEB包围曝光

夜景拍摄时往往是大光比的情况：要保证灯光曝光正常，暗部就会欠曝；要保证暗部曝光正常，灯光就会过曝。这一问题可以通过前期拍摄时使用AEB包围曝光＋后期HDR曝光合成完美解决：前期拍摄时进入拍照模式菜单，点击选择AEB连拍，拍摄张数选择3张或5张，将按照欠曝、正常曝光、过曝的顺序由暗到亮连拍多张照片，如图5-2-8所示。

图5-2-8　AEB包围曝光

后期可以在Lightroom中通过合并到HDR功能合成为暗部亮部曝光都正常的照片。

任务小结：

通过任务二的学习：掌握了夜景拍摄的基本知识，分别对夜景拍摄时间选择、保存格式、对焦、曝光、调云平台水平等一系列知识和技巧进行了学习，由于夜景拍摄涉及曝光时间，于是对无人机稳定性操控和风速也提出了更高的要求。

问题摘录

_____

_____

_____

_____

_____

任务三　VR全景夜景处理

　　城市夜景航拍全景图片是十分考验技术的拍摄形式，除了要注意安全以外，还要考虑周边环境等因素，从而避免意外的发生。当然，除此之外，想要让城市夜景航拍全景图片更加漂亮，还需要掌握很多小技巧。

一、主体

　　有些人在拍摄航拍时一味追求更高更远，最后作品显得没有主体，而且天空又很单调。所以大家在城市夜景航拍全景图片时一定要考虑好每一次拍摄的目的是什么，如图5-3-1所示。

图5-3-1　主体"城市之心"

二、夜景拍摄

　　日落之后，光比不是特别大，这个时候最能体现城市夜景的魅力，也更容易拍摄出优秀的城市夜景航拍全景图片。以大疆御2为例，它宽容度不是很好，所以要选择包围曝光的方法来控制高光和暗部。

三、无人机晃动

　　城市夜景航拍全景图片时，采用包围曝光的话，飞机的晃动也会造成一定的影响，但是曝光时间控制在1秒以内问题不大。当然现场的风也不能太大，不然建筑离得比较近的话也容易造成拼接失败。

四、感光度的设置

仍以大疆御2为例，由于城市夜景航拍全景图片时曝光时间不能太长，所以建议ISO不超过800，这样一来才能带来更好的城市夜景航拍全景图片效果，如图5-3-4所示。

图5-3-4　夜景设置

五、关于夜景的拍摄时间

由于夜晚的光线变化较为复杂，所以时间太长光线变化也容易造成影调不统一的现象，所以建议最好的拍摄时间是日落后十分钟开始拍摄，15分钟内拍完。这样一来能够更好地避免影调不统一的现象。

任务小结：

通过任务三的学习：掌握了夜景照片拍摄后对全景夜景拍摄要求更加严格，特别是对曝光和ISO数值设置不能超过800，不然就会影响效果。